Windows 10
从入门到精通

鼎翰文化 ⊕ 编著

人民邮电出版社

北 京

图书在版编目（CIP）数据

Windows 10从入门到精通 / 鼎翰文化编著. -- 北京：
人民邮电出版社，2018.10（2022.8重印）
ISBN 978-7-115-45118-7

Ⅰ．①W… Ⅱ．①鼎… Ⅲ．①Windows操作系统 Ⅳ．
①TP316.7

中国版本图书馆CIP数据核字(2018)第189793号

内 容 提 要

本书通过精选案例引导读者深入学习，系统地介绍了 Windows 10 操作系统的相关知识和应用技巧。
全书分为 5 篇，共 16 章。第 1 篇【入门篇】主要介绍 Windows 10 的基础知识、安装方法和基本设置等内容；第 2 篇【基础篇】主要介绍 Windows 10 的个性化设置、电脑打字和文件资源管理等内容；第 3 篇【提高篇】主要介绍 Windows 10 的内置应用程序、应用程序的安装与管理，以及系统内置小工具等内容；第 4 篇【网络应用篇】主要介绍局域网资源共享、Microsoft Edge 浏览器，以及网络沟通与交流等内容；第 5 篇【高级应用篇】主要介绍系统管理工具、系统的优化和维护、系统的备份与还原，以及 OneDrive 免费网盘的使用方法等内容。

本书配备视频教程，读者通过扫描书中的二维码即可随时进行学习。此外，本书还赠送了大量相关学习内容的视频教程及电子书等，帮助读者扩展学习。

本书不仅适合 Windows 10 的初、中级读者学习使用，还可以作为各类电脑培训班的教材或辅导用书。

♦ 编　　著　鼎翰文化
　　责任编辑　张　翼
　　责任印制　马振武

♦ 人民邮电出版社出版发行　　北京市丰台区成寿寺路 11 号
　　邮编　100164　　电子邮件　315@ptpress.com.cn
　　网址　http://www.ptpress.com.cn
　　北京天宇星印刷厂印刷

♦ 开本：787×1092　1/16
　　印张：20.75　　　　　　　　　2018 年 10 月第 1 版
　　字数：512 千字　　　　　　　2022 年 8 月北京第 12 次印刷

定价：49.80 元

读者服务热线：(010)81055410　印装质量热线：(010)81055316
反盗版热线：(010)81055315
广告经营许可证：京东市监广登字 20170147 号

Preface

前言

在信息科技飞速发展的今天，电脑已经走入人们工作、学习和日常生活的各个领域，而电脑的操作水平也成为衡量一个人综合素质的重要标准之一。为满足广大读者的学习需求，我们针对当前电脑应用的特点，组织经验丰富的电脑教育专家，精心编写了本书。

本书特色

◇ 从零开始，快速上手

无论读者是否接触过 Windows 10 操作系统，都能从本书获益，快速掌握相关知识和应用技巧。

◇ 面向实际，精选案例

全部内容均以真实案例为主线，在此基础上适当扩展知识点，真正实现学以致用。

◇ 图文并茂，重点突出

本书案例的每一步操作，均配有对应的插图和注释，以便读者在学习过程中能够直观、清晰地看到操作过程和操作结果，提高学习效率。

◇ 单双混排，超大容量

本书采用单、双栏混排的形式，大大扩充了信息容量，在有限的篇幅中为读者奉送更多的知识和实战案例。

◇ 高手支招，举一反三

每章最后的"高手支招"栏目提炼了各种高级操作技巧，帮助读者扩展应用思路。

◇ 视频教程，互动教学

本书配套的视频教程与书中知识紧密结合并互相补充，帮助读者更加高效、全面地理解知识点的运用方法。

二维码视频教程学习方法

为了方便读者学习，本书以二维码的方式提供了大量视频教程。读者打开手机上的微信、QQ 等软件，使用其"扫一扫"功能扫描二维码，即可随时通过手机观看视频教程。

扩展学习资源下载方法

除视频教程外，本书还额外赠送了扩展学习资源。读者使用微信的"扫一扫"功能扫描封底二维码，关注"职场研究社"公众号，回复"45118"，根据提示进行操作，不仅可以获得海量学习资源，还可以利用"云课"进行系统学习。

本书赠送的海量学习资源如下。

视频教程库

- Windows 10 操作系统安装视频教程
- Office 2016 软件安装视频教程
- 15 小时系统安装、重装、备份与还原视频教程
- 12 小时电脑选购、组装、维护与故障处理视频教程
- 7 小时 Photoshop CC 视频教程

办公模板库

- 2000 个 Word 精选文档模板
- 1800 个 Excel 典型表格模板
- 1500 个 PPT 精美演示模板

扩展学习库

- 《电脑技巧查询手册》电子书
- 《常用汉字五笔编码查询手册》电子书
- 《网络搜索与下载技巧手册》电子书
- 《移动办公技巧手册》电子书
- 《Office 2016 快捷键查询手册》电子书
- 《Word/Excel/PPT 2016 技巧手册》电子书
- 《Excel 函数查询手册》电子书
- 《电脑维护与故障处理技巧查询手册》电子书

《办公文档应用范例大全》电子书获取方法

读者通过微信搜索并关注"乐瑞传播"公众号，根据提示进行操作，即可获得《办公文档应用范例大全》电子书。

创作团队

本书由鼎翰文化编著，鉴于编者水平有限，书中纰漏和考虑不周之处在所难免，欢迎读者批评、指正，以便我们日后能为您编写更好的图书。读者在学习过程中有任何疑问或建议，可以发送电子邮件至 zhangyi@ptpress.com.cn。

编者

2018 年 8 月

Contents

目录

第二篇　基础篇

Chapter
04

Windows 10 的个性化设置

本章视频教学时间：43 分钟

Chapter 05

在电脑中轻松打字

本章视频教学时间：11 分钟

Chapter 06

文件资源管理

本章视频教学时间：20 分钟

第三篇　提高篇

Chapter 07
Windows 10 的内置应用程序

本章视频教学时间：20 分钟

Chapter 08
安装与管理应用程序

本章视频教学时间：16 分钟

第四篇　网络应用篇

Chapter **12**

网络沟通与交流

本章视频教学时间：22 分钟

第五篇　高级应用篇

Chapter **13**

使用系统管理工具

本章视频教学时间：18 分钟

Chapter 14

优化和维护系统安全

本章视频教学时间：17 分钟

Chapter 15

系统备份与还原

本章视频教学时间：5 分钟

Chapter 16 使用 OneDrive 免费网盘

本章视频教学时间：7 分钟

赠送资源

视频教程库

- Windows 10 操作系统安装视频教程
- Office 2016 软件安装视频教程
- 15 小时系统安装、重装、备份与还原视频教程
- 12 小时电脑选购、组装、维护与故障处理视频教程
- 7 小时 Photoshop CC 视频教程

办公模板库

- 2000 个 Word 精选文档模板
- 1800 个 Excel 典型表格模板
- 1500 个 PPT 精美演示模板

扩展学习库

- 《电脑技巧查询手册》电子书
- 《常用汉字五笔编码查询手册》电子书
- 《网络搜索与下载技巧手册》电子书
- 《移动办公技巧手册》电子书
- 《Office 2016 快捷键查询手册》电子书
- 《Word/Excel/PPT 2016 技巧手册》电子书
- 《Excel 函数查询手册》电子书
- 《电脑维护与故障处理技巧查询手册》电子书

第一篇

入门篇

Chapter
01

认识 Windows 10

⊃ **技术分析**

    Windows 10 操作系统是美国微软公司开发的一款跨平台、跨设备的操作系统，正式版在 2015 年 7 月 29 日发布。该操作系统几乎覆盖所有种类和尺寸的 Windows 设备，如台式机、笔记本电脑、平板电脑、手机等。

⊃ **思维导图**

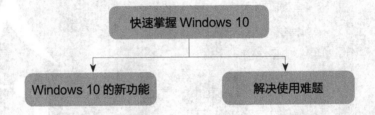

1.1 Windows 10 的新功能

Windows 10 操作系统的宗旨是让用户的操作更加方便快捷，相比 Windows 8 或 Windows 7 操作系统，它主要有以下新功能或改进。

1. 回归传统桌面，取消开始屏幕

Windows 10 操作系统在启动后，默认进入传统的桌面界面，而不是像 Windows 8 操作系统那样默认进入开始屏幕，用户需要再单击"桌面"磁贴才能进入桌面。

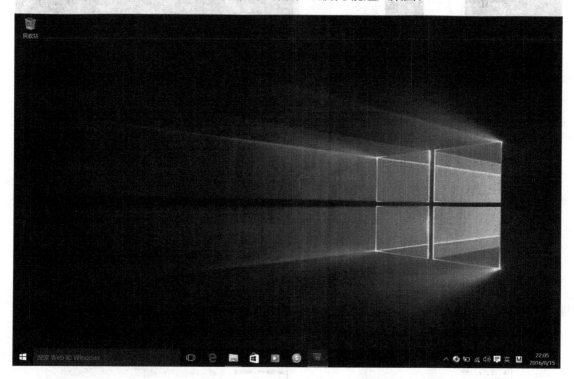

2. 恢复"开始"菜单

在 Windows 8 操作系统中，微软公司取消了 Windows 的经典菜单样式，这在一定程度上不利于用户的操作。因此，Windows 10 操作系统恢复了经典开始菜单，并在其基础上进行了改进，如在右侧新增了 Modern 风格区域。

3. 窗口程序化

在 Windows 应用商店中打开的程序可以如同电脑中的窗口一样随意拖曳并更改大小，还可以实现最大化、最小化和关闭操作。

4. 命令提示符自由粘贴功能

在以前版本的 Windows 操作系统中，命令提示符只能通过用户手动输入。Windows 10 操作系统为了照顾到高级用户，在命令提示符中新增了粘贴键的功能，即用户可以在命令提示符窗口中通过按【Ctrl+V】组合键粘贴命令。

5. 虚拟桌面功能

Multiple Desktops 功能又称为虚拟桌面功能，即用户根据自己的需要，在同一个操作系统中创建多个桌面，并可以快速地在不同桌面之间进行切换。此外还可以在不同的窗口中以某种推荐的方式显示窗口，单击右侧的加号即可新加一个虚拟桌面。

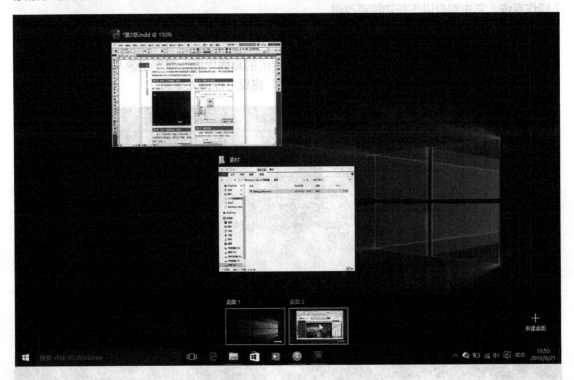

6. 分屏多窗口功能

分屏多窗口是指在屏幕窗口中可以同时并排显示 4 个窗口，并且还能在单独的窗口中显示正在运行的其他应用程序。

7. 全新的操作中心

新的操作中心将所有软件和系统的通知都集中在一起，在操作中心的底部还有一些常用的开关按钮，照顾手机或移动设备的操作习惯。

8. 设备与平台的统一

Windows 10 操作系统为所有的硬件提供了一个统一的平台，支持多种设备类型。Windows 10 覆盖了当前几乎所有尺寸和种类的设备，所有设备都共用一个应用商店。启用 Windows Run Time 后，用户可以在 Windows 设备上实现跨平台运行同一个应用。

9. 语音助手 Cortana

语音助手在任务栏左侧，支持语音开启，它不仅可以与用户进行简单的语音交流，还可以帮助用户查找资料、搜索文件、聊天等。

10. Microsoft Edge 浏览器

Windows 10 操作系统默认的浏览器是 Microsoft Edge，该浏览器拥有全新内核，能更好地支持 HTML 5 等新标准或新媒体，并且新增了多项功能。

11. 文件查找更方便

文件资源管理器默认打开的是 "快速访问" 窗口，该窗口将用户近段时间常用的文件搜集在一起，并显示桌面、下载、图片等用户文件夹。

1.2 如何解决使用中遇到的难题

在 Windows 10 操作系统的使用过程中，遇到不清楚或不了解的功能或操作，可以借助 "联系支持人员" 来找到答案。其方法是单击 "开始" 按钮，在打开的 "开始" 菜单中间列表中单击"联系支持人员"选项，然后在打开的窗口中输入需要解决的问题，根据提示进行操作即可。

Chapter

02

安装 Windows 10

⊃ 技术分析

Windows 10 操作系统是一种系统软件，需要在电脑上安装后才能使用。

本章将具体介绍 Windows 10 的安装方法，主要包括安装前的准备工作、全新安装 Windows 10 操作系统以及升级安装 Windows 10 操作系统。

⊃ 思维导图

```
                    安装 Windows 10

    安装              全新安装           升级安装           安装 Windows 7
    Windows 10        Windows 10        Windows 10        和 Windows 10
    前的准备工作       操作系统           操作系统           双系统
```

2.1 安装前的准备工作

用户可以在电脑中直接下载或升级 Windows 10 操作系统，在进行安装或升级前，还需要做以下准备工作。

1. 检查系统配置

Windows 10 操作系统对电脑的硬件配置要求并不高，因为它是针对大多数平台的操作系统，能兼顾高、中、低档电脑的配置。下面介绍安装 Windows 10 需要的最低配置。

设备	要求
CPU	1GHz 或 SoC
内存	1GB RAM（32 位）或 2GB RAM（64 位）
硬盘	16GB（32 位）或 20GB（64 位）
显卡	DirectX 9.0 或更高的版本
分辨率	1024×768 或 1366×768 的屏幕分辨率
其他	若要使用触控的功能，则需要有支持多点触控的平板或显示器

2. 对现有系统进行更新

在正式升级前，用户需要对现有系统进行一次更新。其中，Windows 7 需要安装最新的 SP1 补丁包，Windows 8 则需要首先升级至 Windows 8.1。下面以 Windows 7 操作系统为基础进行介绍，其具体操作如下。

第1步 单击"检查更新"按钮

在控制面板中单击"Windows Update"超链接，打开"Windows Update"窗口，在其中单击"检查更新"按钮。

第2步 更新系统补丁

系统将开始检查更新，并安装最新的系统补丁，更新完成后，单击"关闭"按钮关闭对话框即可。

3. 清除系统垃圾

在安装操作系统前，需要对电脑中的磁盘进行一次清理，清除不必要的垃圾文件，预留一定的磁盘空间。

4. 备份驱动程序

可以使用驱动精灵将电脑中的驱动程序进行备份，或在网络中下载相关的驱动程序，将其保存到电脑系统盘以外的磁盘上，尤其需要注意的是备份网卡的驱动程序。

2.2 案例——全新安装 Windows 10 操作系统

/ 案例操作思路

与其他操作系统类似，Windows 10 也可以通过多种途径进行安装。本例以通过光盘安装 Windows 10 为例，介绍全新安装操作系统的具体操作。

/ 技术要点

（1）设置从光驱启动。
（2）根据安装向导进行设置。
（3）开始安装操作系统。
（4）重启电脑。
（5）创建账户。
（6）完成安装。

第1步 设置从光驱启动

在 BIOS 中将第一启动设备设置为光盘驱动器，将 Windows 10 安装光盘放入光驱后重新启动电脑，当出现 BIOS 界面时，快速按下【Enter】键，否则无法成功启动 Windows 10 安装光盘并进入安装向导。

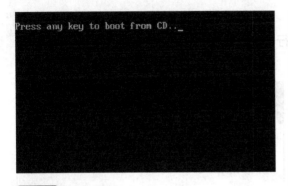

第2步 检测硬件

这时电脑将自动运行光盘中的安装程序，自动加载安装所需要的文件，并出现 Windows 标志。

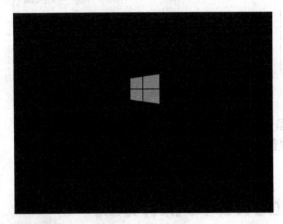

第3步 选择安装语言

稍等片刻后，将启动安装程序，并打开"Windows 安装程序"窗口，在其中设置语言、国家和输入法后，单击"下一步"按钮。

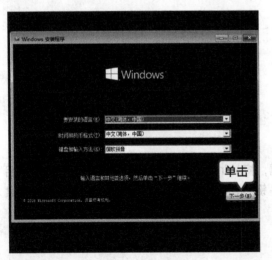

第4步 单击"现在安装"按钮

在打开的窗口中，单击"现在安装"按钮。

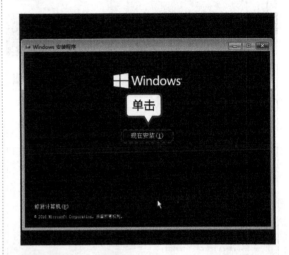

第5步 输入产品密匙

在打开的窗口中输入产品密匙，以激活系统，然后单击"下一步"按钮。

提示 若用户暂时没有产品密匙，也可以单击"跳过"按钮，暂时不激活系统，等系统安装完成后再激活。

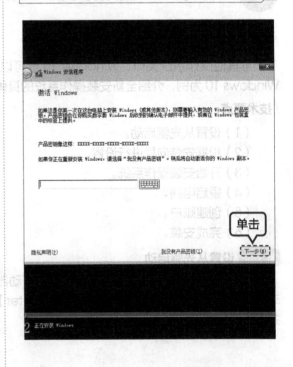

第6步 **选择系统版本**

在打开的对话框中间的列表中选择需要安装的系统版本，然后单击"下一步"按钮。

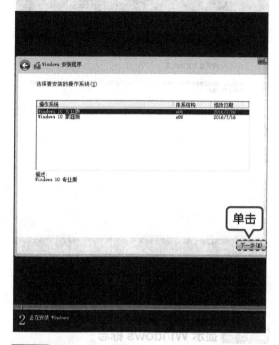

第7步 **同意许可条款**

打开许可条款对话框，在其中选中"我接受许可条款"复选框，然后单击"下一步"按钮。

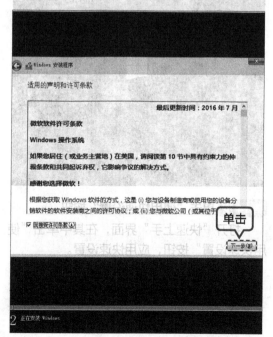

第8步 **选择"自定义"选项**

在打开的对话框中选择"自定义：仅安装 Windows（高级）"选项。

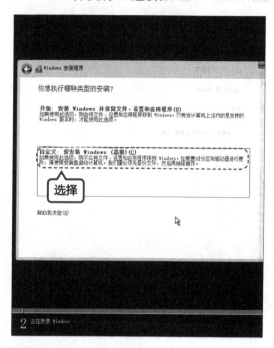

第9步 **选择磁盘分区**

在打开的对话框最后单击选择要安装 Windows 10 操作系统的分区，然后单击"下一步"按钮。

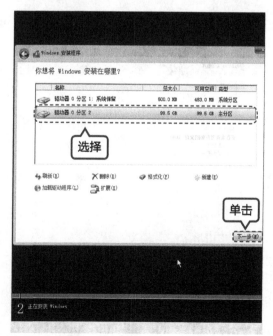

第10步 开始安装操作系统

此时电脑将自动开始安装 Windows 10 操作系统，并进行文件复制。

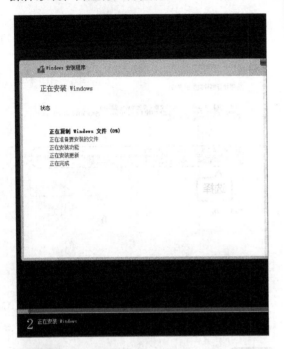

第11步 准备安装文件

当 Windows 10 操作系统需要的文件复制完成后，就会开始准备安装文件，并进行安装，在下方的进度条中将显示安装进度。

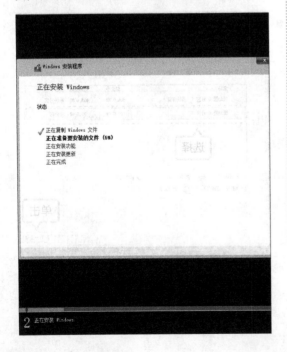

第12步 重启电脑

安装完成，程序将开始自动重启电脑。

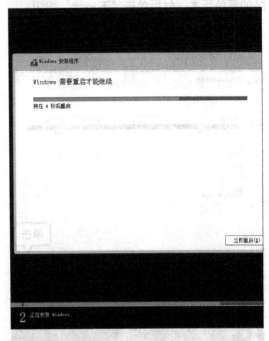

第13步 显示 Windows 标志

电脑重启后将显示 Windows 标志，并显示程序正在开始安装设备驱动，等待准备就绪。

第14步 单击"使用快速设置"按钮

打开"快速上手"界面，在其中单击"使用快速设置"按钮，应用快速设置。

第15步 等待界面

此时系统将自动应用快速设置，并在界面中显示"海内存知己，天涯若比邻。请稍等..."字样。

第16步 创建一个账户

在打开的"为这台电脑创建一个账户"界面，在其中对应的文本框中输入相关的信息进行设置，完成后单击"下一步"按钮。

第17步 单击"暂不"按钮

此时将打开"了解小娜"界面，在其中可以查看小娜的相关功能，用户可以单击"启用小娜"按钮开启小娜，我们这里先单击"暂不"按钮。

第18步 准备设置

此时将在打开的界面中显示"请稍等..."字样，表示系统正在安装相关的应用文件，用户需要等待。

请稍等…

第19步 等待安装

系统在进行安装文件设置时，为了避免用户等待枯燥，会在界面中显示一些文字。

有朋自远方来，不亦乐乎。
欢迎你升级操作系统。

第20步 准备更新

稍等片刻后，系统界面将显示"正在准备更新，请勿关闭电脑。"字样，此时用户需要注意保持电脑通电和开机状态。

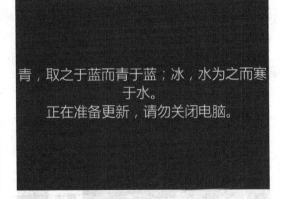

青，取之于蓝而青于蓝；冰，水为之而寒于水。
正在准备更新，请勿关闭电脑。

第21步 更新网络驱动

在打开的界面中显示"Windows 将稳步更新，为你的网络之旅保驾护航。"等信息，用户还需要等待。

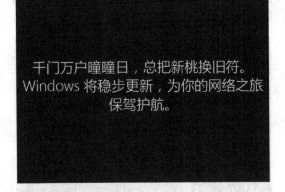

千门万户曈曈日，总把新桃换旧符。
Windows 将稳步更新，为你的网络之旅保驾护航。

第22步 等待安装

当安装快要完成时，将在打开的界面中显示"敬请开始吧！"字样，此时表示系统安装即将完成。

休对故人思故国，且将新火试新茶。
敬请开始吧！

第23步 完成安装

系统安装完成后将自动登录进入 Windows 10。

提示　在安装过程中，用户需要保证电脑处于通电状态，并且系统会自动重启多次，用户不用手动重启。

2.3 升级安装 Windows 10 操作系统

满足升级条件的 Windows 7 操作系统或 Windows 8 操作系统，只要是正版用户，都能通过 Windows Update 来获取补丁进行升级。免费升级到 Windows 10 操作系统有以下要求。

● 时间要求：在升级时间上，需要在系统正式发布后的第一年中。

● 系统要求：系统必须是 Windows 7 或 Windows 8.1 Update，不支持 Windows RT 8.1 版本和 Windows 8 版本，另外企业版本的 Windows 也不能直接升级。

● 授权要求：系统必须获得 OEM 授权或使用零售密匙激活，不支持企业用户、批量密匙激活的系统进行免费升级。

另外，还需要注意，在进行免费升级前需要保证网络通畅，且系统盘要有足够的空间。

49%

提示　用户只要满足了前两项要求就可以将系统升级到 Windows 10，只是盗版系统的用户在升级到 Windows 10 后，系统将处于未激活状态，需要用户重新激活。另外，满足要求的 Windows 用户升级后，微软公司将在设备支持的周期内继续免费保持更新，让系统的使用更加安全，并不断引入新功能和应用。若用户超过一年的免费升级时间，想要升级到 Windows 10 操作系统，则需要到 Windows 官网上下载系统升级补丁，然后启动补丁程序对系统进行升级。

2.4 安装 Windows 7 和 Windows 10 双系统

为了方便使用不同操作系统的不同功能，用户可以在一台电脑上安装多个操作系统，将这些操作系统安装在电脑磁盘的不同分区内。

若原来系统已经是 Windows 7 操作系统，用户既想保留 Windows 7 操作系统，又想体验 Windows 10 操作系统的新功能，则可以按照前面介绍的 Windows 10 操作系统的安装方法进行安装，只是在选择系统安装盘时，需要选择除 Windows 7 系统盘以外的盘符。系统安装完成后，重启电脑，会打开"选择操作系统"界面，用户在该界面中利用键盘上的上下键选择需要进入的操作系统，按【Enter】键即可进入对应的操作系统。

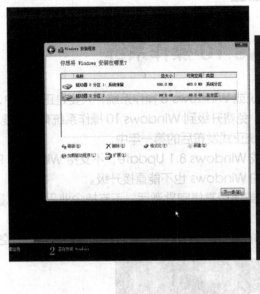

Chapter

03

Windows 10 的
基本设置

◯ 技术分析

要想使用 Windows 10 操作系统进行办公，必须先掌握其基本设置方法。
本章将具体介绍桌面图标、窗口、"开始"菜单以及任务栏的设置方法。

◯ 思维导图

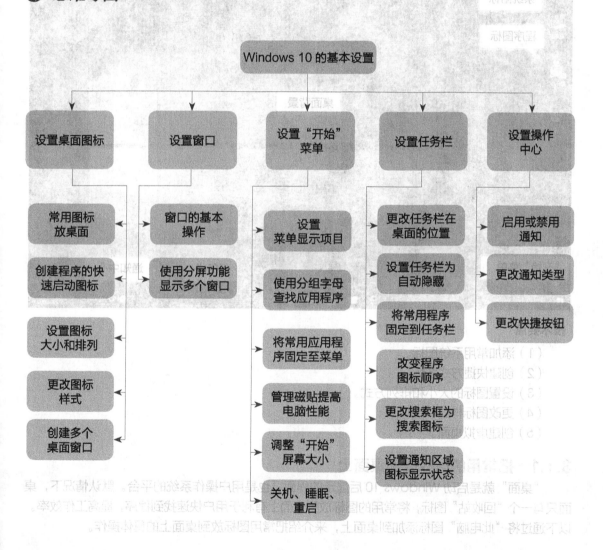

3.1 案例——设置适合自己的桌面图标

本节视频教学时间 / 7 分钟

/ 案例操作思路

为了方便日常工作，我们会对 Windows 10 操作系统的桌面图标进行基本设置。通常是将日常办公中常用的程序图标放在桌面上，并调整桌面图标的大小和排列方式，以便查找。对于特殊的图标，还可以设置图标样式，便于区分。而不常用的图标，则可以删除。另外，利用 Windows 10 的新功能还可以创建多个桌面管理程序。

最后的效果如图所示。

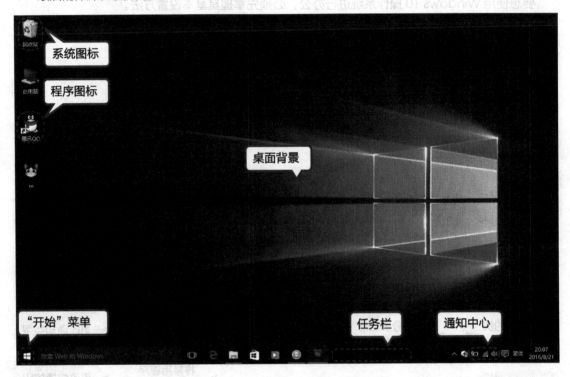

/ 技术要点

（1）添加常用系统图标。
（2）创建快捷方式图标。
（3）设置图标的大小和排列方式。
（4）更改图标样式。
（5）创建虚拟桌面。

3.1.1 把常用的图标放到桌面上

"桌面"就是启动 Windows 10 后显示的界面，也是用户操作系统的平台。默认情况下，桌面只有一个"回收站"图标，将常用的图标放到桌面上有利于用户快速找到程序，提高工作效率。以下通过将"此电脑"图标添加到桌面上，来介绍把常用图标放到桌面上的具体操作。

第1步 打开"个性化"对话框

在桌面上单击鼠标右键，在弹出的快捷菜单中选择"个性化"命令，打开"个性化"对话框。

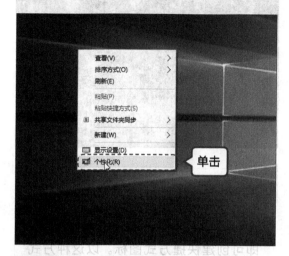

第2步 打开"桌面图标设置"对话框

单击"主题"选项，打开"主题"对话框，单击"桌面图标设置"选项，打开"桌面图标设置"对话框。

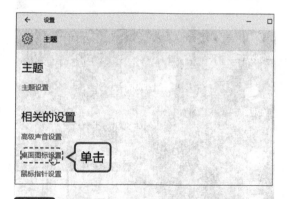

第3步 选择选项

在"桌面图标"栏中单击选中需要的图标，

然后单击"确定"按钮。

第4步 查看添加的图标

返回"主题"对话框，在其中单击"关闭"按钮，关闭对话框。此时，在桌面将显示"此电脑"图标。

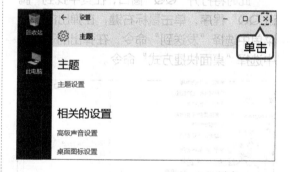

3.1.2 在桌面上创建程序的快捷方式图标

要在Windows 10中启动程序，可通过"开始"菜单找到相应的菜单项。对于工作中常用的程序，则可以创建快捷方式图标到桌面。以下通过为"腾讯QQ"创建程序快捷方式图标，来介绍其具体操作。

第1步 打开程序源文件窗口

单击"开始"菜单按钮，在打开的程序列表中找到"腾讯 QQ"选项，单击鼠标右键，在弹出的快捷菜单中选择"打开文件所在的位置"。

第2步 选择命令

此时将打开"QQ"窗口，在其中找到"腾讯 QQ"程序，单击鼠标右键，在弹出的快捷菜单中选择"发送到"命令，在弹出的子菜单中选择"桌面快捷方式"命令。

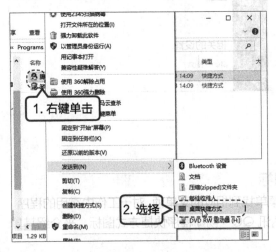

第3步 查看创建的快捷图标

返回桌面即可看到创建的快捷图标。

提示 在"开始"菜单中找到需要创建桌面快捷方式的程序，按住鼠标左键不放，将其拖曳到桌面上，释放鼠标左键即可创建快捷方式图标。以这种方式创建的快捷图标可直接通过该图标卸载软件，在图标上单击鼠标右键，在弹出的快捷菜单中选择"卸载"命令即可。

3.1.3 设置图标的大小和排列方式

用户可根据自己的需要调整图标在桌面上的显示大小和排列方式。

1. 设置图标显示大小

当桌面放置的快捷图标较多时，可通过设置使其呈小图标显示，这样可减少对桌面的占用。而当用户的显示器较大时，使用小图标不便于用户查看，可将图标调整为大图标显示。下面通过将桌面图标设置为"中等图标"样式，来介绍其具体操作。

第1步 选择命令

在桌面空白处单击鼠标右键，在弹出的快捷菜单中选择"查看"命令，在弹出的子菜单中选择"中等图标"命令。

第2步 查看结果

此时即可看到桌面图标的大小发生变化。

> **提示** 按住键盘上的【Ctrl】键不放，滚动鼠标滚轮也可调整桌面图标的显示大小。

2. 设置图标排列方式

如果桌面上的图标较多，用户可通过调整排列方式，使其按照一定的规则排列，避免杂乱无章。排列桌面图标可通过手动和自动两种方式实现，下面进行具体介绍。

● 手动排列：将鼠标指针移动到需要调整的图标上，按住鼠标左键不放，拖曳图标到目标位置，释放鼠标。

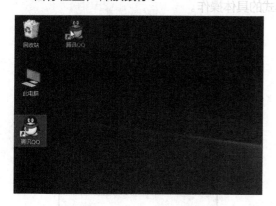

● 自动排列：在桌面空白处单击鼠标右键，在弹出的快捷菜单中选择"排列方式"命令，在弹出的子菜单中选择需要的排列方式命令。

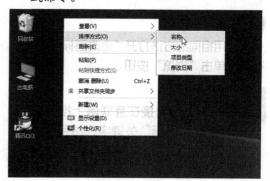

3.1.4 更改图标的样式

用户可根据自己的需要更改桌面图标的样式，如将图标更改为喜欢的其他图片等。需要注意的是，更改的小图片格式必须是 ICO 格式或包含图标的程序。ICO 图标可通过在线制作获得。

1. 设置系统自带的图标

Windows 10 自带了多种图标样式供用户选择。下面通过更改"此电脑"图标样式，来介绍设置系统自带图标样式的具体操作。

第1步 单击"更改图标"按钮

打开"桌面图标设置"对话框，在其中选择"此电脑"图标，然后单击"更改图标"按钮。

第2步 选择系统图标

打开"更改图标"对话框，在"从以下列表中选择一个图标"列表中选择一种图标样式，然后单击"确定"按钮，返回桌面即可看到更改图标后的效果。

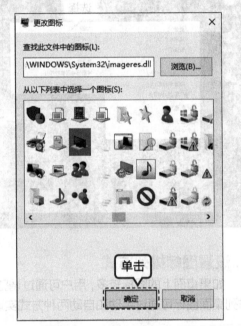

2. 设置自定义的图标

当然，用户也可以将自己喜欢的图片设置为程序图标的样式。下面通过将"m"用户图标设置为自定义的图片样式，来介绍设置自定义图标样式的具体操作。

第1步 单击按钮

使用相同的方法打开"更改图标"对话框，在其中单击"浏览"按钮。

> **提示** 用户可以直接在互联网上搜索"在线制作 ICO 图标"关键字，然后打开相关的网页，根据提示进行制作。

第2步 选择图标

　　在打开的对话框中找到需要设置为图标的图片所在位置，然后选择需要设置为图标的图片，最后单击"打开"按钮。

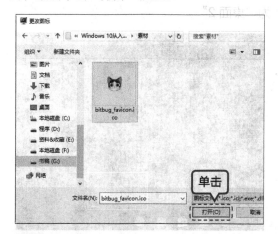

第3步 预览图标

　　返回"更改图标"对话框，在其中可查看选择的图标样式。

提示　　桌面图标不仅能更改图标样式，还可以对其进行重命名，方法是在需要重命名的图标上单击鼠标右键，在弹出的快捷菜单中选择"重命名"命令，或按【F2】键，进入重命名状态，然后重新输入新的名称即可。需要注意的是，系统图标只有"此电脑"和"回收站"能够重命名，其他不能进行重命名操作。

第4步 应用图标

　　返回"桌面图标设置"对话框，在其中单击"应用"按钮。

第5步 查看更改图标样式后的效果

　　单击"确定"按钮，返回桌面即可看到更改图标样式后的效果。

提示　　对于不需要的图标，用户可以将其删除。在桌面删除某一程序的快捷图标，并不会删除快捷图标链接到的文件、程序和位置。

3.1.5 创建虚拟桌面

在工作中，若用户需要经常开启大量的程序窗口进行排列对比，又没有多余的显示器时，可利用 Windows 10 的虚拟桌面来整理桌面上的窗口，避免桌面杂乱无章。下面介绍具体方法。

第1步 单击"任务视图"按钮

单击任务栏搜索框右侧的"任务视图"按钮。

第2步 单击"新建桌面"按钮

进入"任务视图"界面，其中显示了当前所有打开的程序，单击右下侧的"新建桌面"按钮。

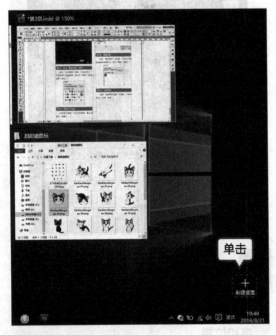

第3步 新建空白桌面

此时即可新建一个空白的桌面，默认名称为"桌面2"。

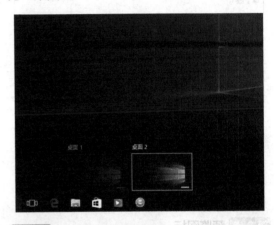

第4步 拖曳图标到桌面 2

将鼠标指针移动到"桌面 1"选项上，然后将需要移动的程序窗口直接拖曳到下方的"桌面 2"选项上即可。

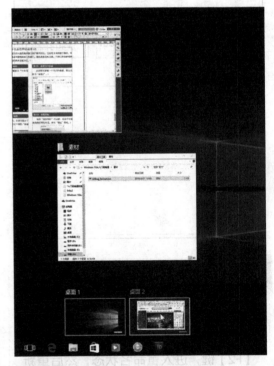

第5步 查看"桌面 2"

在任务视图模式下单击"桌面 2"选项，即可进入桌面 2 中查看其中的程序。

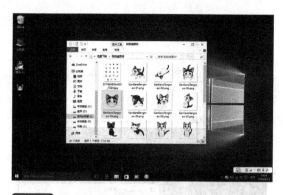

上单击"关闭"按钮，即可将该虚拟桌面关闭，"桌面2"中的程序窗口将全部返回到系统桌面。

第6步 删除不需要的桌面

进入任务视图模式下，在"桌面2"选项

3.2 案例——操作窗口

本节视频教学时间 / 2 分钟

/ 案例操作思路

本案例主要练习移动、关闭和切换窗口，调整窗口大小以及排列窗口等。最后，还要利用 Windows 10 的分屏多窗口功能将常用的程序窗口组织起来。

最后的效果如下图所示。

/ 技术要点

（1）窗口的基本操作。

（2）使用分屏功能同时显示多个窗口。

3.2.1 窗口的基本操作

窗口的基本操作也是 Windows 10 的基本操作。下面具体介绍操作方法。

- 移动窗口：当窗口没有处于最大化时，可将鼠标指针移动到窗口的标题栏上，然后按住鼠标左键，将其拖曳到目标位置。
- 关闭窗口：在窗口标题栏右侧单击"关闭"按钮，或在标题栏空白处单击鼠标右键，在弹出的快捷菜单中选择"关闭"命令。
- 切换窗口：当桌面上打开多个窗口时，要对某一窗口进行操作，需要将窗口切换到当前窗口，方法是在任务栏上将鼠标指针移动到窗口缩略按钮上，在弹出的预览图上单击需要切换到的窗口即可。
- 调整窗口大小：单击窗口右上角的"最大化"按钮、"最小化"按钮，可将窗口最大化显示或最小化显示；将鼠标指针移动到窗口四周或四角上，当鼠标变为双向箭头时，按住鼠标左键向不同方向拖曳即可调整窗口大小。
- 排列窗口：在任务栏上的空白处单击鼠标右键，在弹出的快捷菜单中选择窗口的排列方式即可排列窗口。

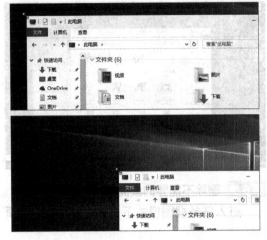

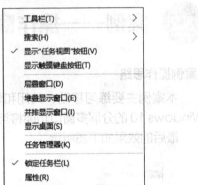

3.2.2 使用分屏功能同时显示多个窗口

在工作中，用户经常会打开多个程序或窗口，并在其中不停地切换。Windows 10 系统中的分屏功能可以在桌面上同时显示多个窗口，通过将窗口停靠在桌面边缘上，重新组织窗口在桌面的显示方式。

第1步 拖曳程序窗口

将程序窗口拖曳到屏幕右侧，当出现窗口停靠虚框时释放鼠标即可。

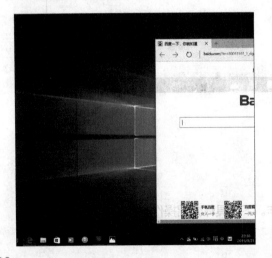

第2步 停靠在桌面右侧

此时程序窗口将停靠在桌面右侧，占据一半的屏幕，另一半则会显示其他打开了的窗口，单击其中的某一个窗口缩略图。

第3步 **停靠在桌面左侧**

此时选择的程序窗口将停靠到桌面左侧，占满剩下的屏幕部分。若单击左侧空白位置，则将退出停靠状态。

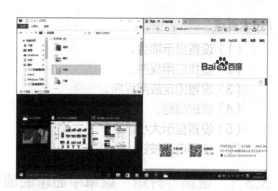

第5步 **停靠在桌面左下方**

在左下方显示的程序图标上单击需要显示的程序缩略图，即可将窗口停靠在左下方。

第4步 **停靠在桌面左上方**

还可以将程序窗口拖曳到左上角，此时，拖曳的程序窗口将停靠在屏幕的左上方，并在下方显示其他程序窗口。

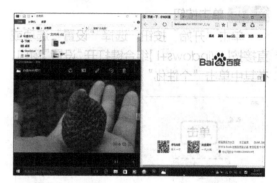

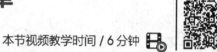

3.3 案例——设置"开始"菜单

本节视频教学时间 / 6分钟

/ 案例操作思路

本案例是为了方便日常工作而对"开始"菜单进行设置，以便让"开始"菜单更符合个人的使用习惯。

设置完成后的效果如下图所示。

技术要点

（1）设置显示项目。

（2）查找应用程序。

（3）设置固定应用程序。

（4）管理磁贴。

（5）设置显示大小。

（6）使用电源按钮。

3.3.1 设置"开始"菜单中显示的项目

"开始"菜单上显示的项目并不是固定的，用户可以通过设置来让开始菜单显示需要的项目，下面具体介绍操作方法。

第1步 单击按钮

单击"开始"按钮，选择"设置"选项或直接按【Windows+I】组合键打开"设置"窗口，在其中单击"个性化"按钮。

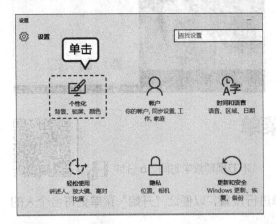

第2步 单击超链接

打开"个性化"窗口，在左侧选择"开始"选项，在右侧单击"选择哪些文件夹显示在'开始'屏幕上"超链接。

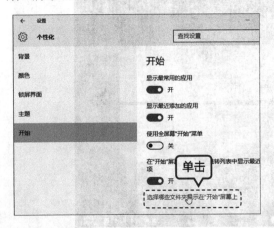

第3步 选择要显示的文件夹

在打开的窗口中可设置在"开始"菜单中要显示的文件夹，默认情况下只显示"文件资源管理器"和"设置"两个，这里将"文档"和"下载"两个文件夹设置为"开"。

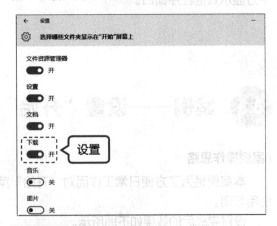

第4步 查看设置后的效果

单击右上角的"关闭"按钮，然后打开开始菜单，即可看到在菜单中显示了"文档"和"下载"两个文件夹。

3.3.2 使用分组字母快速查找应用程序

Windows 10 开始菜单中新增了分组字母快速查找应用程序的功能，利用该功能，用户可以根据要查找程序的首字母来快速查找。下面以查找"Snagit"程序为例，来具体介绍操作方法。

第1步 选择选项

打开"开始"菜单，在左上方显示了常用的一些应用程序，单击下方的"所有应用"选项。

第2步 查看应用程序

此时，在左侧将显示电脑上已安装的应用程序，并按照字母顺序排列。

第3步 单击 S 字母

在任意字母上单击，进入首字母检索状态，单击"S"选项。

第4步 选择应用程序

此时，开始菜单将快速定位到首字母以"S"开头的应用程序。

3.3.3 将常用的应用程序固定到"开始"菜单

在"开始"菜单的右侧可以看到各种磁贴，用户可以将常用的程序固定到磁贴区中，以便快速访问。下面使用命令将"计算器"应用固定到"开始"菜单中的磁贴区，具体操作如下。

第1步 选择命令

在"开始"菜单中找到"计算器"应用，在其上单击鼠标右键，在弹出的快捷菜单中选择"固定到'开始'屏幕"命令。

> **提示** 也可以将要固定到"开始"菜单中的应用直接拖曳到磁贴区中进行固定。

第2步 查看效果

此时即可在"开始"菜单右侧的磁贴区显示计算器应用。

> **提示** 在文件夹上单击鼠标右键，在弹出的快捷菜单中选择"固定到'开始'屏幕"命令也可将文件夹固定到磁贴区。

3.3.4 管理磁贴以提高使用效率

"开始"菜单中的磁贴过多，会影响用户的使用效率，这时可对其进行整理，如删除不用的磁贴、调整磁贴显示大小、移动磁贴显示位置等，下面具体讲解操作方法。

第1步 删除磁贴

当磁贴过多时，可将不常用的删除。在磁贴上单击鼠标右键，在弹出的快捷菜单中选择"从'开始'屏幕取消固定"命令。

第2步 新建分组

当磁贴的类目较多时，可对磁贴进行分组，将同一类目的磁贴拖曳到空白区域，当出现灰色栏时释放鼠标。

第3步 添加磁贴

此时即可创建一个新的磁贴组，使用相同的方法可为该磁贴组添加磁贴。

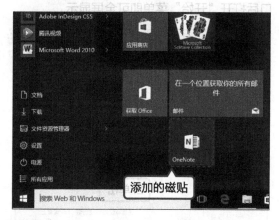

第4步 重命名磁贴组

将鼠标指针移到"命名组"栏，单击定位插入点，输入新的名称"工作"，然后按【Enter】键确认输入。

第5步 选择选项

在"邮件"磁贴上单击鼠标右键，在弹出的快捷菜单中选择"调整大小"命令，在弹出的子菜单中选择"中"选项。

第6步 更改磁贴大小

此时"邮件"磁贴将由原来的长方形变为正方形。

第7步 关闭磁贴更新动态

在"资讯"磁贴上单击鼠标右键，在弹出的快捷菜单中选择"关闭动态磁贴"命令。

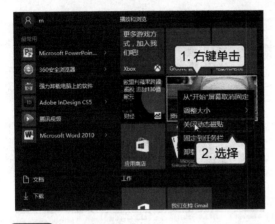

放，移动鼠标指针到磁贴区域的顶部，然后释放鼠标。

第8步 移动磁贴组

在"工作"磁贴组标题上按住鼠标左键不

3.3.5 调整"开始"屏幕大小

Windows 10中的"开始"屏幕可根据用户的需要来调整大小，也可让"开始"屏幕覆盖全屏，具体操作如下。

第1步 手动调整"开始"屏幕大小

打开"开始"屏幕，将鼠标指针移动到其顶部或四周，当鼠标指针变为双向箭头时，拖曳即可调整屏幕宽度或高度。

第2步 设置全屏显示"开始"屏幕

打开"个性化"窗口，选择"开始"选项，在右侧面板中的"使用全屏幕'开始'菜单"选项下单击按钮，使其呈"开"状态，关闭窗口后打开"开始"菜单即可全屏显示。

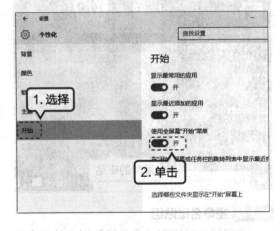

3.3.6 关机、睡眠和重启

关机是指在不使用电脑时，关闭退出 Windows 10 操作系统；而睡眠则是 Windows 10 的一种节能状态；重启是在使用电脑过程中出现故障时，让操作系统自动修复故障而重新启动的操作。下面介绍 3 种不同的实现方法，具体如下。

● 使用"电源"按钮：单击"开始"按钮，打开"开始"菜单，在其中单击"电源"按钮，在弹出的菜单中选择对应的按钮，即可实现相应的操作。

> **提示** 若进行了"关机"操作后，后台还有程序在运行，则系统会打开提示界面显示正在运行的程序。若需要保存文件，可单击页面中的"取消"按钮，取消关机操作。

● 使用快捷菜单：按【Windows+X】组合键或在"开始"按钮上单击鼠标右键，在弹出的快捷菜单中选择"关机或注销"命令，在弹出的子菜单中选择需要的命令即可。

● 使用对话框：在桌面上按【Ctrl+F4】组合键，打开"关闭 Windows"对话框，在"希望计算机做什么"下拉列表中选择需要的选项，然后单击"确定"按钮即可。

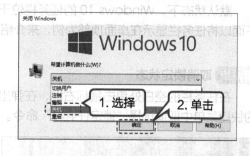

> **提示** "睡眠"状态下的电脑会将数据保存到内存中，并禁止除内存外的其他硬件通电，使电脑处于低耗能状态。当需要唤醒时，按一下"电源"键或晃动鼠标，即可将电脑恢复到睡眠前的工作状态。需要注意的是，睡眠状态下的数据并没有保存到硬盘中，若电脑突然断电，那么没有保存的信息将会丢失，因此在进入"睡眠"状态前建议先保存信息。

3.4 案例——设置任务栏提高工作效率

/ 案例操作思路

本节视频教学时间 / 6分钟

如果发现任务栏中的图标太少，通知栏图标太杂乱，或任务栏占用了桌面的位置，影响了工作中的正常使用，不利于程序的查找，则可以对任务栏进行一系列的设置，以便提高工作效率。

设置完成后的效果如下图所示。

/ 技术要点

（1）更改任务栏位置。
（2）设置任务栏自动隐藏。
（3）固定程序到任务栏。
（4）调整程序图标的显示位置。
（5）更改搜索框为搜索图标。
（6）设置通知区域的图标。

3.4.1 更改任务栏在桌面的位置

默认状态下，Windows 10 的任务栏位于桌面下方，用户可以根据需要更改任务栏的位置。下面以将任务栏显示在桌面顶部为例，来介绍其具体操作。

第 1 步 取消锁定状态

在任务栏的空白处单击鼠标右键，在弹出的快捷菜单中取消选择"锁定任务栏"命令。

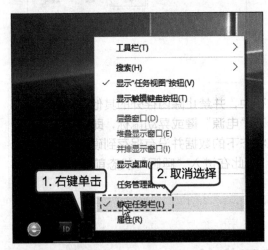

第 2 步 移动任务栏

将鼠标指针移动到任务栏上，按住鼠标左键不放，拖曳任务栏到桌面顶部后释放鼠标。

第 3 步 通过对话框更改位置

在任务栏的空白处单击鼠标右键，在弹出的快捷菜单中选择"属性"命令。

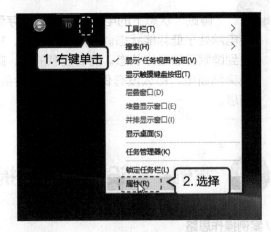

第4步 选择任务栏位置

　　打开"任务栏和'开始'菜单属性"对话框，在"任务栏在屏幕上的位置"下拉列表中选择需要的选项，然后单击"确定"按钮，即可更改任务栏的位置。

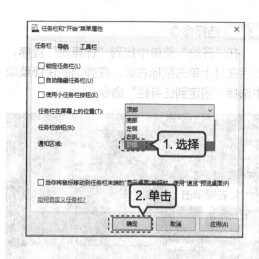

3.4.2　将任务栏设置为自动隐藏

　　将任务栏设置为自动隐藏后，桌面将不会显示任务栏，这样可增大桌面的显示空间，只有在鼠标指针移动到任务栏所在位置时才会显示出来。下面来介绍具体的操作方法。

第1步 选中复选框

　　打开"任务栏和'开始'菜单属性"对话框，在"任务栏"选项卡中单击选中"自动隐藏任务栏"复选框，然后单击"确定"按钮。

第2步 查看效果

　　此时返回桌面，即可看到任务栏自动隐藏，当鼠标指针移动到任务栏所在位置时，将再次显示出来。

3.4.3　将常用程序固定到任务栏

　　将常用程序固定到任务栏中有利于用户快速启动该程序，可提高工作效率。下面以将计算器程序固定到任务栏中来介绍具体的操作方法。

第1步 选择命令

在"开始"菜单中找到"计算器"程序，然后在其上单击鼠标右键，在弹出的快捷菜单中选择"固定到任务栏"命令。

第2步 查看效果

此时即可在任务栏的程序图标区域显示计算器。

提示　若要将已经启动的程序固定到任务栏，可在任务栏的程序图标上单击鼠标右键，在弹出的快捷菜单中选择"将此程序固定到任务栏"命令。在已固定到任务栏的图标上单击鼠标右键，在弹出的快捷菜单中选择"从任务栏取消固定此程序"命令即可取消固定。

3.4.4 调整程序图标顺序

任务栏中图标的显示顺序默认是根据启动先后来排列的，用户也可根据自身需要来调整显示顺序。下面以将"计算器"程序移动到"任务视图"图标右侧来介绍具体的操作方法。

第1步 选择移动的程序图标

将鼠标指针移动到"计算器"图标上。

第2步 拖曳程序图标

按住鼠标左键，并在任务栏上拖曳程序图标到"任务视图"图标的右侧后释放。

3.4.5 把搜索框更改为搜索图标

搜索框在任务栏中占用了一大部分空间，用户可将搜索框更改为搜索图标，以便节约空间来添加其他常用的程序图标，其具体操作如下。

第1步 **选择命令**

在任务栏的空白处单击鼠标右键，在弹出的快捷菜单中选择"搜索"命令，在展开的子菜单中选择"显示搜索图标"命令。

提示 在展开的子菜单中选择"隐藏"命令将隐藏"搜索"按钮，要将其显示出来需要执行相同的操作。

第2步 **查看效果**

此时，任务栏中的搜索框将变为搜索按钮，单击该按钮即可打开搜索界面。

3.4.6 设置通知区域的图标显示状态

默认的通知区域位于任务栏的最右侧，包括系统时钟、输入法、音量和一些程序图标（如有关电子邮件、即时通信信息、网络连接和更新等事项的状态或通知）。在线安装应用时，一些程序图标也会被添加到通知区域。

1. 显示或隐藏通知区域图标

通知区域的图标杂乱无章，会影响用户的使用效率，可通过设置让这些图标保持始终可见或隐藏，其具体操作如下。

第1步 **单击按钮**

打开"任务栏和'开始'菜单属性"对话框，在"任务栏"选项卡中单击"自定义"按钮。

第2步 **单击超链接**

在打开的窗口中单击"选择在任务栏上显示哪些图标"超链接。

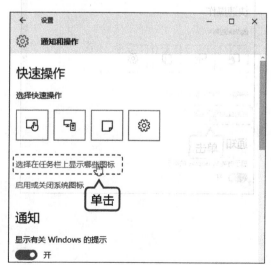

第3步 开启要显示的图标

在打开的窗口中显示了当前程序在通知区域的显示状态，在需要设置的程序图标上单击"开关"按钮进行设置。

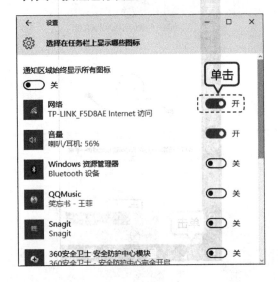

第4步 查看通知区域图标

单击"关闭"按钮返回桌面，在通知区域即可看到设置显示的图标，单击"显示隐藏的图标"按钮即可将隐藏的通知区域图标显示出来。

2. 启动和关闭系统图标

系统图标默认都处于显示状态，用户可以根据需要更改其在通知区域的显示状态，具体操作如下。

第1步 单击超链接

在"设置"窗口左侧单击"通知和操作"选项，在打开的窗口中单击"启用或关闭系统图标"超链接。

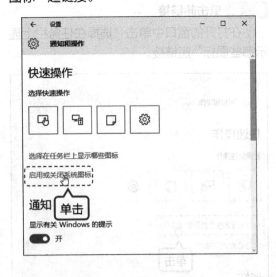

第2步 启动和关闭系统图标

在打开的窗口中单击"开关"按钮，即可启动和关闭系统图标。

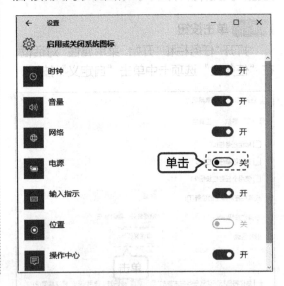

3.5 案例——设置避免通知打扰

本节视频教学时间 / 2分钟

/ 案例操作思路

本案例是为了避免通知信息过多而进行的设置操作。在 Windows 10 的操作中心不仅能显示系统本身的常规通知，还能显示第三方应用的提示。在操作中心，用户既可以看到来自电子邮件等 Windows 10 磁贴应用程序的通知，也可以对这些通知进行统一的管理操作。

设置完成后的效果如图所示。

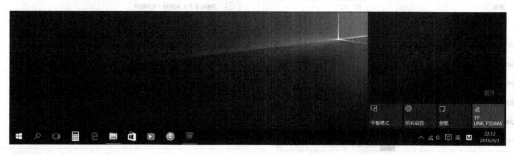

/ 技术要点

（1）启用和禁用通知。
（2）更改通知类型。
（3）更改快捷按钮。

3.5.1 启用或禁用通知

通知信息过多，会干扰用户的正常使用。此时，用户可禁用一些通知，其具体操作如下。

第1步 选择"系统"选项

按【Windows +I】组合键打开"设置"窗口，在其中选择"系统"选项。

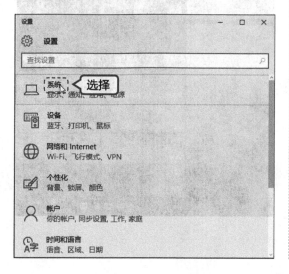

第2步 关闭系统通知

在左侧选择"通知和操作"选项，在右侧单击对应选项下的"开关"按钮即可。

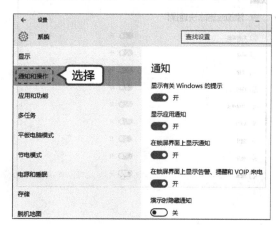

3.5.2　更改通知类型

更改通知类型的具体操作如下。

第1步　单击超链接

在"系统设置"窗口右侧单击"360 安全卫士漏洞补丁检测模块"超链接。

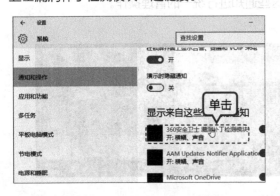

第2步　更改通知类型

在打开的对话框的"显示通知横幅"选项下单击"开关"按钮关闭该功能。

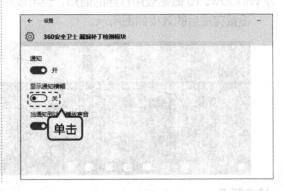

3.5.3　更改快捷按钮

除了通知外，操作中心还包括快捷操作按钮，用户可根据需要设置是否显示快捷操作按钮。设置完成后，单击"折叠"超链接，将只显示靠前的 4 个按钮。其具体操作如下。

第1步　添加或删除快速操作

在"系统设置"窗口左侧选择"通知和操作"选项，在右侧单击"添加或删除快速操作"超链接，打开"添加或删除快速操作"界面，将"便签"右侧的开关按钮设置为"关"状态。

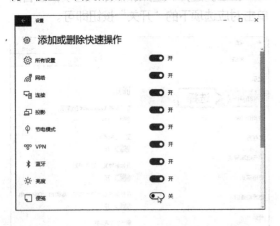

第2步　查看效果

关闭窗口后，在任务栏单击"操作中心"按钮，在打开的"操作中心"即可看到不再显示"便签"按钮。

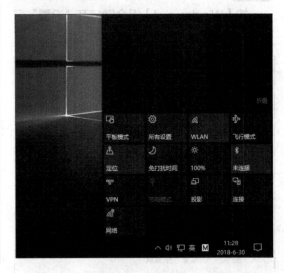

高手支招

1. 优化多桌面和多窗口操作

本节视频教学时间 / 1 分钟

设置多任务可以让多桌面工作或多窗口工作更符合使用者的习惯，如在进行多窗口操作时禁止调整窗口大小等，其具体操作如下。

第1步 选择选项

打开"设置"对话框，在搜索框中输入"多任务"文本，然后按【Enter】键进行搜索，在结果列表中选择"多任务设置"选项。

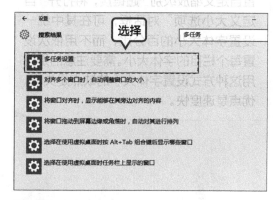

第2步 设置对齐

在右侧的"对齐"栏中进行设置，如设置对齐多窗口时是否自动调整窗口大小等。

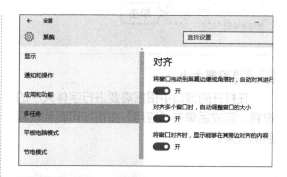

第3步 设置虚拟桌面

在"虚拟桌面"选项下可设置多桌面的相关操作。

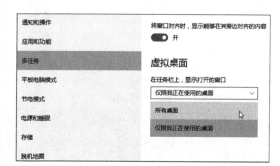

2. 让系统字体变得更大

对于一些年纪稍长或视力欠佳的用户，系统显示的文字太小不便于观看，这时可手动设置将系统字体放大显示。

第1步 单击超链接

在"系统设置"窗口中单击"高级显示设置"超链接。

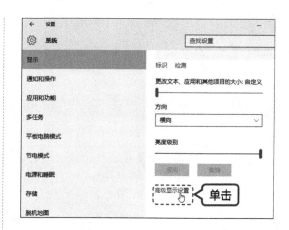

第2步 单击超链接

在打开的界面中单击"文本和其他项目大小调整的高级选项"超链接。

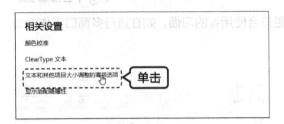

第3步 设置大小

在打开的窗口中根据需要进行字体大小的设置，完成后单击"应用"按钮即可看到设置后的效果。

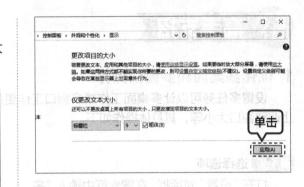

提示

在"更改项目的大小"栏中单击"设置自定义缩放级别"超链接，将打开"自定义大小选项"对话框，可在其中统一设置字体大小的百分比，而不用依次设置每个栏目的字体大小。需要注意的是，用这种方式设置字体大小的缺点是失真，优点是速度快。

第二篇

基础篇

Windows 10
的个性化设置

本章视频教学时间 / 43 分钟

⊃ 技术分析

Windows 10 操作系统给予用户的可操作性非常强大，用户可对系统进行个性化的设置，使其界面更加美观，账户更加安全，让办公过程更加舒适。

本章将具体介绍设置个性化系统账户、个性化外观、系统日期和时间、鼠标和键盘、系统声音以及安装字体的操作方法。

⊃ 思维导图

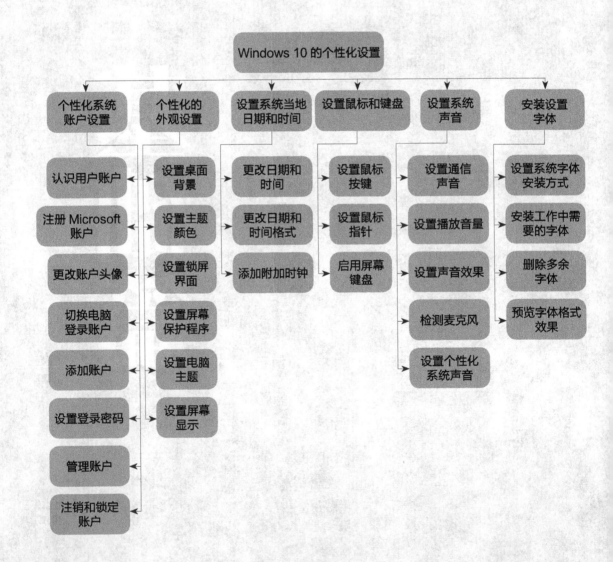

案例——个性化系统账户设置

本节视频教学时间 / 15 分钟

/ 案例操作思路

本案例主要解决公用电脑的账户设置问题。公用电脑中也会保存一些文档，为避免误操作带来的损失，通常要为不同人员创建不同的账户，每个账户也要有个性化设置。

最后的效果如图所示。

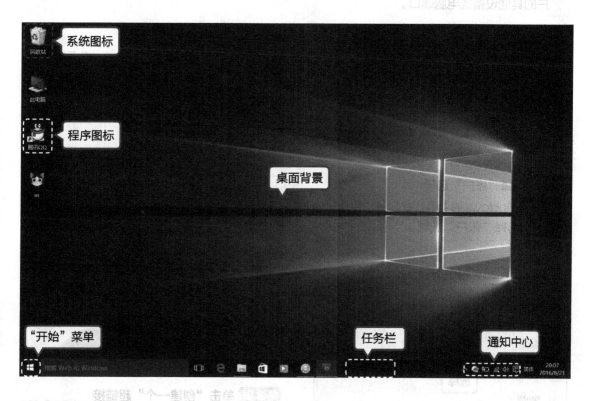

/ 技术要点

（1）注册和登录 Microsoft 账户。

（2）更改账户头像。

（3）切换电脑的登录账户。

（4）添加用户账户。

（5）设置登录密码。

（6）管理账户。

（7）注销和锁定用户。

4.1.1 认识 Windows 用户账户

用户账户就是用来记录用户的用户名、口令等信息的账户。Windows 系统都是通过用户账户进行登录的，这样才能访问电脑、服务器。对用户账户的设置可以实现多人共用一台电脑，还可以对不同用户的使用权限进行设置。Windows 10 操作系统包含以下 4 种类型的用户账户。

- 管理员账户：对电脑有最高控制权，可对电脑进行任何操作。
- 标准账户：日常使用的基本账户，可运行应用程序，能对系统进行常规设置，但这些设置只对当前标准账户生效，不影响电脑和其他账户。标准账户一般在别人使用自己电脑时登录使用。
- 来宾账户：用于别人暂时使用电脑，可用Guest账户直接登录到系统，不需要输入密码，其权限比标准账户更低，无法对系统进行任何设置。
- Microsoft 账户：使用微软账号登录的网络账户，其所进行的任何个性化设置都会同步到用户的其他设备或电脑端口。

4.1.2 注册 Microsoft 账户

Microsoft 账户是 Windows Live ID 的新名称，用户可免费注册。注册 Microsoft 账户可通过以下两种方法来实现。

1. 通过"账户"窗口创建 Microsoft 账户

通过"账户"窗口创建 Microsoft 账户的具体操作如下。

第1步 选择"账户"选项

按【Windows +I】组合键打开"设置"窗口，然后选择"账户"选项。

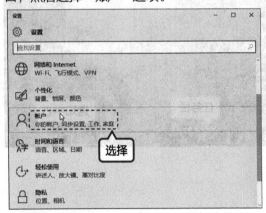

第2步 单击超链接

在打开的"账户"窗口的左侧单击"你的账户"选项卡，在右侧单击"改用 Microsoft 账户登录"超链接。

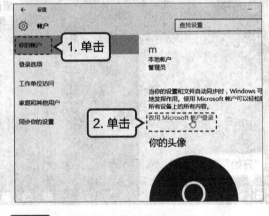

第3步 单击"创建一个"超链接

打开"个性化设置"对话框，在其中单击"创建一个"超链接。

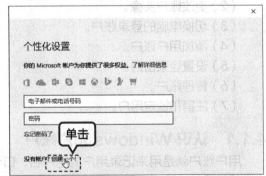

第4步 单击超链接获取地址

打开"让我们来创建你的账户"对话框，在其中设置账户姓名，然后单击"获取新的电子邮件地址"超链接。

第5步 设置其他信息

在其中设置邮件地址和密码等，完成后单击"下一步"按钮即可。

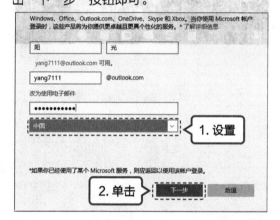

第6步 设置"添加安全信息"对话框

打开"添加安全信息"对话框，在其中输入电话号码，然后单击"下一步"按钮。

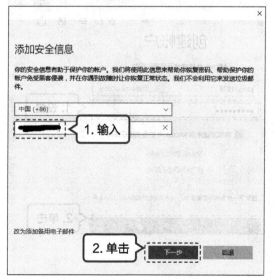

第7步 设置相关内容

在打开的对话框中可设置相关的产品信息，这里保持默认，然后单击"下一步"按钮。

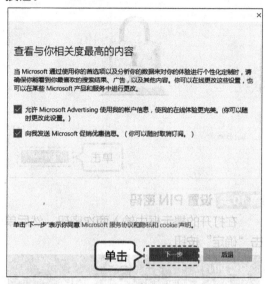

第8步 输入旧密码

在打开的对话框中提示用户最后一次输入旧密码，这里直接单击"下一步"按钮。

第9步 单击"设置 PIN"按钮

打开"设置 PIN"对话框，在其中单击"设置 PIN"按钮。

第10步 设置 PIN 密码

在打开的提示框中输入两次密码，然后单击"确定"按钮。

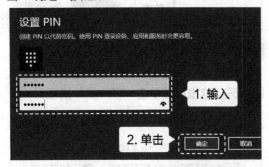

2. 通过网页创建 Microsoft 账户

用户也可以通过网页注册来创建 Microsoft 账户，其具体操作如下。

第1步 打开网页

打开浏览器，打开"无所不能的 Microsoft 账户"页面，在其中直接单击"创建账户"按钮。

第2步 输入邮件地址和密码

打开"创建账户"网页，在其中输入邮件

第11步 完成账户创建

关闭"账户"对话框，打开"开始"菜单即可看到当前登录的 Microsoft 账户。

地址和密码后，单击"下一步"按钮。

第3步 添加安全信息

在打开的页面的"电话号码"文本框中输入手机号码,单击"发送代码",然后在下方的文本框中输入收到的代码,最后单击"下一步"按钮。

第4步 登录账户主页

此时完成 Windows 账户的创建,并登录到账户主页。

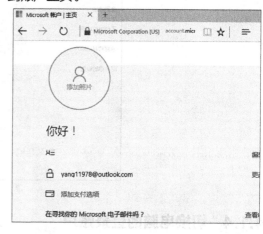

4.1.3 更改账户头像

创建用户账户后,用户头像一般为默认的灰色头像,用户可手动设置喜欢的照片或图片为账户头像。下面介绍将喜欢的图片设置为账户头像的具体操作。

第1步 选择命令

打开"开始"菜单,在账户头像上单击鼠标,在打开的菜单中选择"更改账户设置"命令,打开"账户"窗口,在右侧单击"浏览"按钮。

> **提示**
> 在右侧的"创建你的头像"栏中选择"摄像头"选项可打开电脑的摄像头,可以实时拍照作为账户头像。

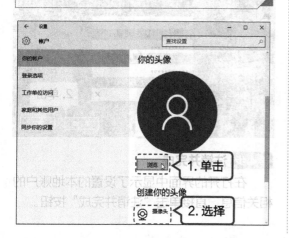

第2步 选择图片

打开"打开"对话框,在其中选择需要设置为账户头像的图片,然后单击"选择图片"按钮。

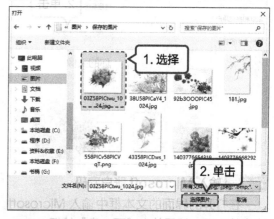

第3步 查看账户头像

返回"系统"窗口,即可看到设置后的账户头像效果。

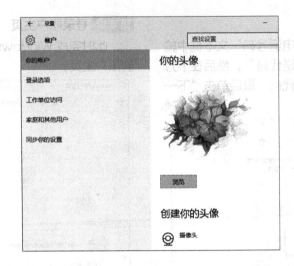

4.1.4 切换电脑的登录账户

当不需要使用 Microsoft 账户时，可切换到本地用户登录电脑，其具体操作如下。

第1步 单击超链接

打开"账户设置"窗口，在左侧单击"你的账户"选项卡，在右侧单击"改用本地账户登录"超链接。

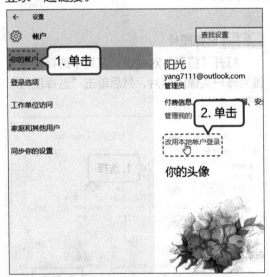

第2步 输入 Microsoft 账户密码

在打开的界面的文本框中输入 Microsoft 账户的密码，然后单击"下一步"按钮。

第3步 设置本地账户信息

在打开的界面中，在对应的文本框中输入相关的账户信息，如用户名、密码等，然后单击"下一步"按钮。

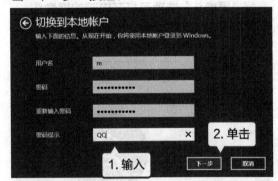

第4步 注销并完成

在打开的界面中显示了设置的本地账户的相关信息，直接单击"注销并完成"按钮。

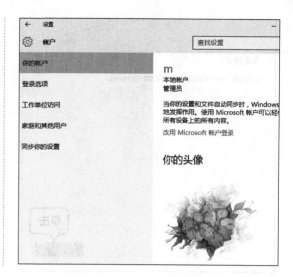

第5步 登录本地账户

此时电脑将进行注销操作，然后以本地账户登录 Windows。

4.1.5 添加用户账户

若需要允许其他账户登录这台电脑，可通过添加用户账户的方法来实现。添加的用户账户既可以是 Microsoft 账户，也可以是本地账户。

1. 添加 Microsoft 账户

下面将以添加"yang11978@outlook.com"账户为例来介绍添加 Microsoft 账户的具体操作。

第1步 选择选项

打开"账户设置"窗口，在左侧选择"家庭和其他用户"选项卡，在右侧单击"将其他人添加到这台电脑"选项。

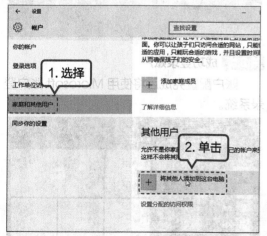

第2步 输入账号

在打开的对话框中输入需要添加的 Microsoft 账号，然后单击"下一步"按钮。

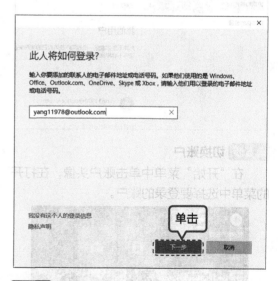

第3步 单击按钮

在打开的对话框中提示准备好了，直接单击"完成"按钮。

第4步 查看添加的账户

返回"账户设置"窗口，即可看到添加的 Microsoft 账户。

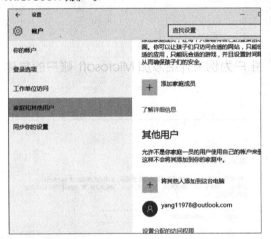

第5步 切换账户

在"开始"菜单中单击账户头像，在打开的菜单中选择要登录的账户。

第6步 输入密码

此时将进入账户登录界面，在其中输入账户密码，按【Enter】键即可。

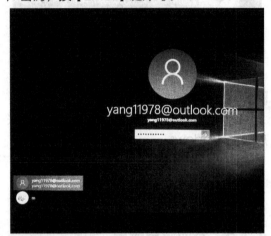

第7步 配置账户

系统开始进行账户配置，并设置应用。

第8步 成功登录账户

账户配置完成后将使用 Microsoft 账户登录系统。

2.通过"设置"窗口添加本地账户

通过"设置"窗口添加本地账户的具体操作如下。

第1步 选择选项

打开"账户设置"窗口,在左侧单击"家庭和其他用户"选项卡,在右侧单击"将其他人添加到这台电脑"选项。

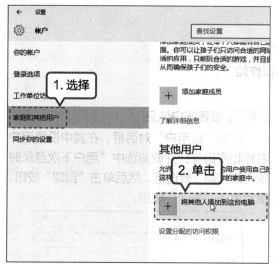

第2步 单击超链接

打开"此人将如何登录?"对话框,在其中单击"我没有这个人的登录信息"超链接。

第3步 单击超链接

打开"让我们来创建你的账户"对话框,在下方单击"添加一个没有 Microsoft 账户的用户"超链接。

第4步 设置账户信息

打开"为这台电脑创建一个账户"对话框,在其中设置账户名称、密码及密码提示,单击"下一步"按钮。

第5步 查看创建的本地账户

此时即可创建本地账户,返回"账户设置"窗口即可查看创建的本地账户。

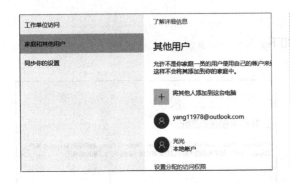

提示　用户还可以根据需要添加家庭成员用户，以便对家庭用户进行控制，如控制电脑使用时间、查看上网活动、限制使用的应用程序等。

3. 通过"计算机管理"窗口添加本地账户

通过"计算机管理"窗口添加本地账户的具体操作如下。

第1步 选择命令

在"开始"按钮上单击鼠标右键，在弹出的快捷菜单中选择"计算机管理"命令。

第2步 选择"新用户"命令

打开"计算机管理"窗口，在左侧的"本地用户和组"栏下的"用户"选项上单击鼠标右键，在弹出的快捷菜单中选择"新用户"命令。

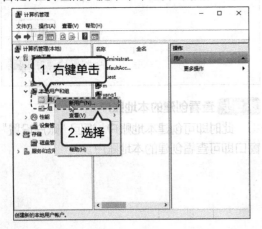

第3步 设置账户信息

打开"新用户"对话框，在其中设置用户名称和密码等，并取消选中"用户下次登录时须更改密码"复选框，然后单击"创建"按钮，最后单击"关闭"按钮。

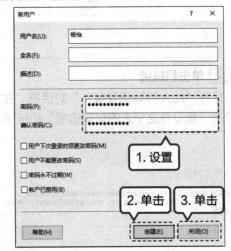

第4步 查看创建的本地账户

此时即可创建一个本地账户。

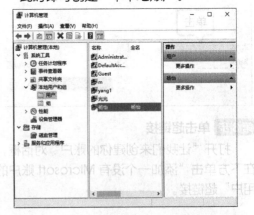

4. 启用来宾账户

Windows 默认状态下是禁用了来宾账户的，若用户要使用来宾账户，需要手动启动。启动来宾账户的具体操作如下。

第1步 **双击来宾账户**

打开"计算机管理"窗口，在左侧的"本地用户和组"栏中选择"用户"选项，在右侧双击"Guest 账户"。

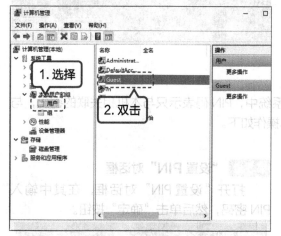

第2步 **取消选中复选框**

打开"Guest 属性"对话框，取消选中"账户已禁用"复选框，然后单击"确定"按钮即可启用。

4.1.6 设置登录密码

为账户设置登录密码可以保护个人隐私和信息的安全，在 Windows 10 操作系统中主要有 Microsoft 账户密码、PIN 码和图片密码 3 种类型的密码，下面具体讲解。

1. 更改 Microsoft 账户密码

Microsoft 账户密码可通过"账户设置"窗口和网页两种方式来设置。下面通过"账户设置"窗口来更改 Microsoft 账户密码，具体操作如下。

第1步 **单击"更改"按钮**

打开"账户设置"窗口，在左侧选择"登录选项"选项卡，在右侧的"密码"栏中单击"更改"按钮。

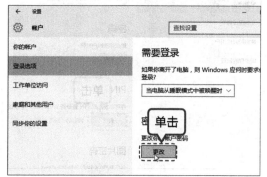

第2步 **输入旧密码**

打开"更改密码"对话框，在其中输入当前账户的密码，然后单击"下一步"按钮。

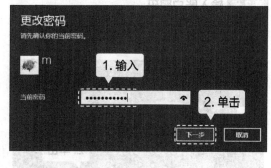

第3步 设置新的密码

在打开的界面中输入新的账户密码，并确认密码，然后单击"下一步"按钮。

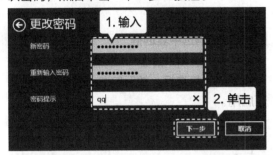

第4步 完成设置

此时将打开提示界面，提示下次登录账户时需要使用新密码，单击"完成"按钮。

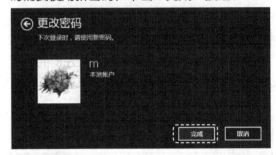

2. 设置 PIN 码

PIN 码即个人识别码。在 Windows 10 操作系统中，PIN 码表示只与本机相关联的密码，与 Microsoft 账户密码相互独立，设置 PIN 码的具体操作如下。

第1步 单击"添加"按钮

打开"账户设置"窗口，在左侧选择"登录选项"选项卡，在右侧的"PIN"栏中单击"更改"按钮。

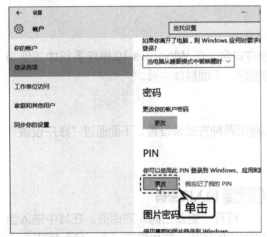

第2步 输入账户密码

在打开的对话框中输入当前账户的密码，然后单击"下一步"按钮。

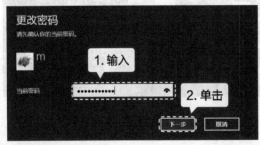

第3步 "设置 PIN"对话框

打开"设置 PIN"对话框，在其中输入 PIN 密码，然后单击"确定"按钮。

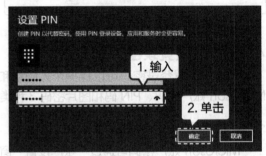

第4步 单击"更改"按钮

此时，PIN 码下方的"添加"按钮将变为"更改"按钮，单击该按钮。

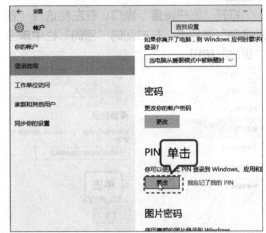

第5步 **更改 PIN 码**

打开"更改 PIN"对话框，在其中输入旧密码和新密码，然后单击"确定"按钮即可。

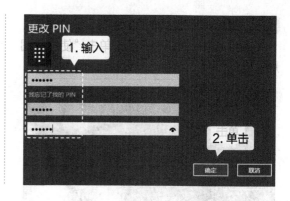

3. 设置图片密码

图片密码是一种新型的登录方式，由图片和用户手势组成。下面通过为本地账户设置图片密码来介绍设置图片密码的具体操作。

第1步 **单击"添加"按钮**

打开"账户设置"窗口，在左侧选择"登录选项"选项卡，在右侧的"图片密码"栏中单击"添加"按钮。

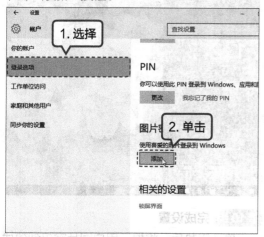

第2步 **输入密码信息**

打开"创建图片密码"界面，在其中输入当前账户的密码，然后单击"确定"按钮。

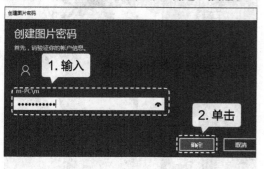

第3步 **单击"选择图片"按钮**

登录账户后，在左侧单击"选择图片"按钮。

第4步 **选择图片**

在打开的"选择图片"对话框中选择需要的图片，然后单击"打开"按钮。

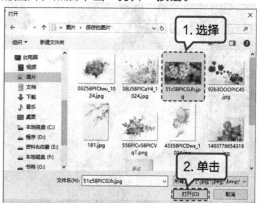

第5步 确认使用选择的图片

返回"图片密码"界面，单击"使用此图片"按钮。

第6步 设置第1个手势

打开"设置你的手势"界面，在其中移动鼠标指针绘制一条直线。

第7步 设置第2个手势

继续移动鼠标指针，绘制一条从上到下的直线作为第2个手势。

第8步 设置第3个手势

移动鼠标指针，在图片上方绘制一个圆圈，作为第3个手势。

第9步 确认手势

此时系统将打开"确认你的手势"界面，用户需要重做前面设置的3个手势进行确认。

第10步 完成设置

确认手势后，将提示用户图片密码创建成功，单击"完成"按钮即可。

4.1.7　管理用户账户

　　用户在电脑中添加了多个账户，这些账户之间互相独立，互不影响，用户账户可以对这些账户进行管理，具体介绍如下。

1. 使用控制面板管理账户

　　用户可以使用控制面板来管理账户，如更改账户的名称、密码和账户类型等，其具体操作如下。

第1步 选择"控制面板"命令

　　在"开始"按钮上单击鼠标右键，在弹出的快捷菜单中选择"控制面板"命令。

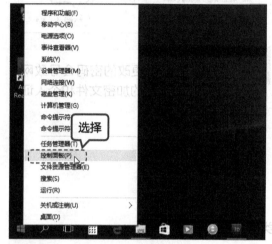

第2步 单击"用户账户"超链接

　　打开"控制面板"对话框，在右上角的"查看方式"下拉列表中选择"小图标"，然后在下方单击"用户账户"超链接。

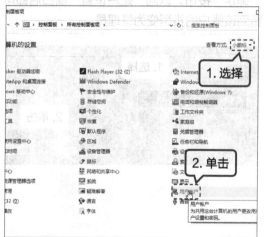

第3步 管理其他账户

　　打开"用户账户"窗口，在其中单击"管理其他账户"超链接。

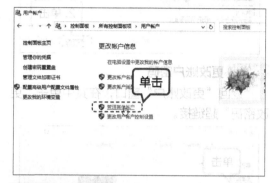

第4步 选择账户

　　在打开的窗口中选择需要设置的账户，这里单击"光光"账户。

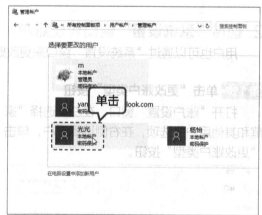

第5步 单击超链接

　　打开"更改账户"对话框，在其中单击"更改账户名称"超链接。

71

第6步 更改账户名称

打开"重命名账户"窗口，在文本框中输入新的名称，单击"更改名称"按钮。

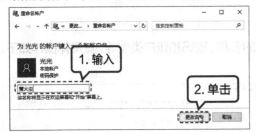

第7步 更改账户密码

返回"更改账户"窗口，在其中单击"更改密码"超链接。

第8步 更改账户密码

打开"更改密码"窗口，在其中输入新的密码，然后单击"更改密码"按钮即可。

提示　通过这种方式更改的密码会导致网站或网络资源保存的加密文件和个人证书密码等丢失。

2. 使用"系统设置"窗口管理账户

用户也可以通过"系统设置"窗口来更改账户类型，其具体操作如下。

第1步 单击"更改账户类型"按钮

打开"账户设置"窗口，在左侧选择"家庭和其他用户"选项，在右侧选择账户，单击"更改账户类型"按钮。

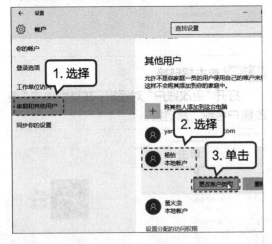

第2步 选择账户类型

打开"更改账户类型"对话框，在"账户类型"下拉列表中选择"管理员"选项，单击"确定"按钮。返回"账户设置"窗口后即可看到该账户的类型变为管理员。

4.1.8　注销和锁定账户

注销或锁定账户后，即使用户不在电脑边或不关闭电脑，其他用户也不能查看电脑中的文件。下面以注销账户为例来介绍注销和锁定账户的具体操作。

● 通过"开始"菜单注销：打开"开始"菜单，在用户头像上单击，在打开的下拉列表中选择"注销"选项即可。

● 通过快捷菜单注销：在"开始"按钮上单击鼠标右键，在弹出的快捷菜单中选择"关机或注销"命令，在打开的子菜单中选择"注销"命令。

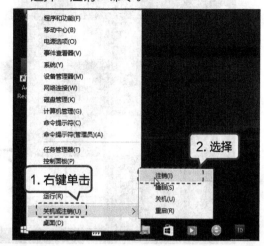

若电脑中登录了多个账户，还可以在管理员账户下注销其他账户，具体操作如下。

第1步 打开快捷菜单

在任务栏的空白位置单击鼠标右键，在弹出的快捷菜单中选择"任务管理器"命令。

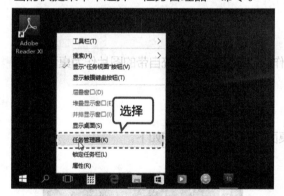

第2步 注销账户

打开"任务管理器"窗口，在其中单击"用户"选项卡，选择需要注销的账户，在其上单击鼠标右键，在弹出的快捷菜单中选择"注销"命令即可。

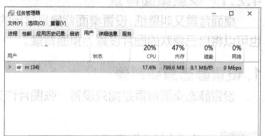

4.2 案例——设置个性化的操作界面

本节视频教学时间 / 10 分钟

/ 案例操作思路

本案例为了改善枯燥的办公环境，对电脑的操作界面进行个性化设置。
本案例完成后的参考效果如图所示。

/ 技术要点

  （1）设置桌面背景。
  （2）设置系统主题。
  （3）设置锁屏界面。
  （4）设置屏幕保护程序。
  （5）设置屏幕分辨率。

4.2.1　设置桌面背景

  桌面背景又叫壁纸，设置桌面背景是常用的操作，用户可以使用系统自带的图片作为桌面背景，也可以将自己喜欢的图片设置为桌面背景。

1. 设置静态桌面背景

  设置静态桌面背景是指只设置一张图片作为桌面背景，其具体操作如下。

第1步 打开"个性化"窗口

  在桌面空白处单击鼠标右键，在弹出的快捷菜单中选择"个性化"命令。

第2步 选择系统自带的图片

打开"个性化设置"窗口，在右侧的"选择图片"栏中选择需要的图片，单击即可更改桌面背景。

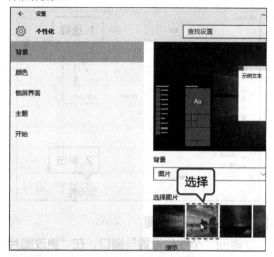

第3步 单击"浏览"按钮

若要设置其他图片作为桌面背景，可在"选择图片"栏中单击"浏览"按钮。

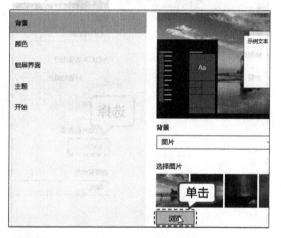

第4步 打开"打开"对话框

打开"打开"对话框，在其中选择喜欢的图片，单击"选择图片"按钮。

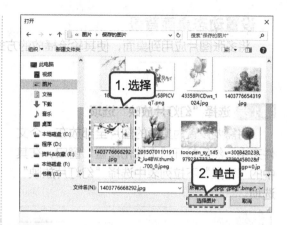

提示　"C:\Windows\Web\Wallpaper"文件夹中保存着更多的图片，在喜欢的图片上单击鼠标右键，在弹出的快捷菜单中选择"设为桌面背景"命令，或在资源管理器的"管理"选项卡中单击"设置为背景"按钮，即可将选择的图片设置为桌面背景。

第5步 查看效果

返回"个性化设置"窗口，关闭窗口后即可看到更改桌面背景后的效果。

提示　在"个性化设置"窗口右侧的"选择契合度"下拉列表框中提供了5种背景图片放置方式。"填充"选项是将图片等比例放大或缩小到整个屏幕。"适应"选项是按照屏幕大小来调整图片。"拉伸"选项是将图片横向或纵向拉到整个桌面。"平铺"选项是将图片重复进行平铺排列。"居中"选项是将图片居中显示在桌面中间。

2. 设置动态桌面背景

将多张图片应用到桌面，使其轮流播放的方式就是动态桌面，其具体操作如下。

第1步 **选择"幻灯片放映"选项**

将需要设置为桌面的图片全部放在一个文件夹中，然后打开"个性化设置"窗口，在其中的"背景"下拉列表中选择"幻灯片放映"选项。

第2步 **打开"选择文件夹"对话框**

在"为幻灯片选择相册"栏中单击"浏览"按钮。

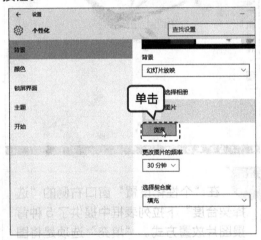

第3步 **选择文件夹**

打开"选择文件夹"对话框，在其中选择背景图片所在的文件夹，然后单击"选择此文件夹"按钮。

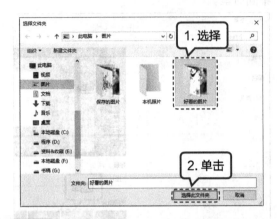

第4步 **设置播放时间**

返回"个性化设置"窗口，在"更改图片的频率"下拉列表中选择"1分钟"选项。

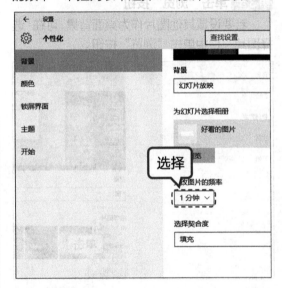

第5步 **查看效果**

单击"关闭"按钮关闭对话框，完成设置，图片每隔1分钟将自动更换。也可手动更换，在桌面空白处单击鼠标右键，在弹出的快捷菜单中选择"下一个桌面背景"命令即可。

提示 若觉得图片桌面背景太花哨，也可将桌面背景设置为纯色，方法是在"背景"下拉列表中选择"纯色"选项，在展开的"背景色"栏中选择一种颜色即可。

4.2.2 设置主题颜色

主题颜色指的是窗口按钮、选项、"开始"菜单、任务栏和通知区域等显示的颜色，通过设置可自定义这些区域的显示颜色。设置主题颜色可在桌面背景选取颜色，也可自定义颜色。

1. 从桌面背景选取颜色

系统可以自动从设置的桌面背景中选取一种颜色作为主题颜色，更换桌面背景时，主题颜色也会随之更换。其具体操作如下。

第1步 打开自动选取主题颜色功能

打开"个性化"窗口，在左侧单击"颜色"选项卡，在右侧的"选择一种颜色"栏单击"从我的背景自动选取一种颜色"开关按钮，使其处于"开"状态。

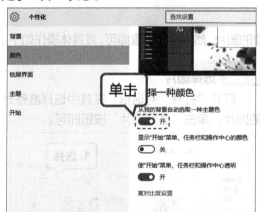

第2步 设置"开始"菜单等颜色

在下方单击"显示'开始'菜单、任务栏和操作中心的颜色"开关按钮，使其处于"开"状态。

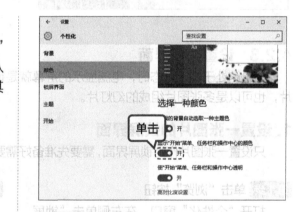

第3步 查看效果

设置完成后，关闭窗口返回桌面，打开"开始"菜单可查看效果。

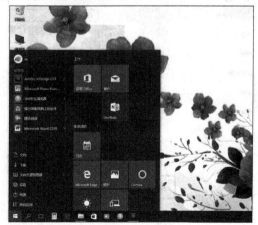

2. 自定义主题颜色

自定义主题颜色是用户通过指定一种颜色来作为系统主题的颜色，下面自定义个性化的主题颜色，其具体操作如下。

第1步 指定一种颜色

在"个性化"窗口中单击"从我的背景自动选取一种颜色"开关按钮，使其处于"关"状态。然后在"选择你的主题色"栏中单击需要设置为主题颜色的色块。

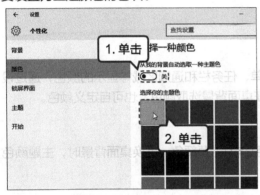

第2步 查看效果

设置完成后，关闭窗口返回桌面，打开"开始"菜单可查看效果。

4.2.3 设置锁屏界面

当电脑处于锁定状态时，电脑显示的屏幕就是锁屏界面。锁屏界面可以是自己喜欢的一张照片，也可以是多张图片组成的幻灯片。

1. 设置一张图片的锁屏界面

只设置一张图片作为锁屏界面，需要先准备好需要的图片，然后进行设置即可，其具体操作如下。

第1步 单击"浏览"按钮

打开"个性化"窗口，在左侧单击"锁屏界面"选项卡，在右侧的"选择图片"栏单击"浏览"按钮。

第2步 选择图片

打开"打开"对话框，在其中选择准备好的图片，单击"选择图片"按钮即可。

第3步 **查看效果**

返回"个性化"窗口，稍等片刻后，在右侧的"预览"栏中将显示预览效果。

2. 设置多张图片的锁屏界面

设置多张图片组成幻灯片放映样式的锁屏界面，需要将这些图片全部存放在一个文件夹中，其具体操作如下。

第1步 **添加文件夹**

打开"个性化"窗口，在左侧单击"锁屏界面"选项卡，在右侧的"背景"下拉列表中选择"幻灯片放映"选项，在下方的"为幻灯片放映选择相册"栏中单击"添加文件夹"按钮。

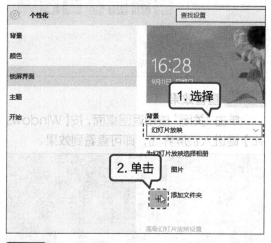

第2步 **选择文件夹**

打开"选择文件夹"对话框，在其中选择准备好的图片文件夹，然后单击"选择此文件夹"按钮。

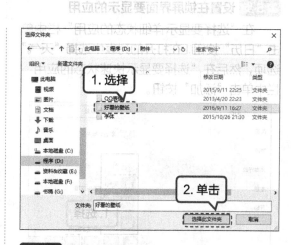

第3步 **删除多余的文件夹**

在"为幻灯片放映选择相册"栏中选择"图片"选项，在展开的面板中单击"删除"按钮将该文件夹删除。

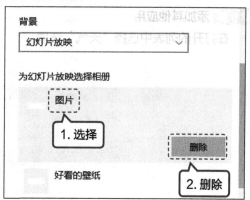

第4步 高级幻灯片放映设置

在下方单击"高级幻灯片放映设置"超链接，打开"高级幻灯片放映设置"窗口，在其中根据需要进行设置。

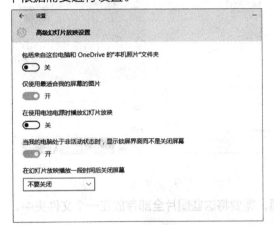

第5步 设置在锁屏界面要显示的应用

在"选择要显示详细状态的应用"栏中单击"日历"按钮，在打开的列表中选择"天气"选项，然后在"选择要显示快速状态的应用"栏中单击"添加"按钮。

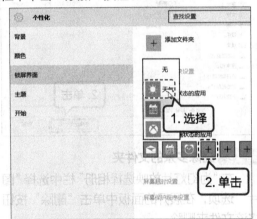

第6步 添加其他应用

在打开的列表中选择"天气"选项。

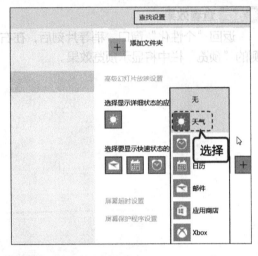

第7步 添加其他应用状态

使用相同的方法添加其他的应用。

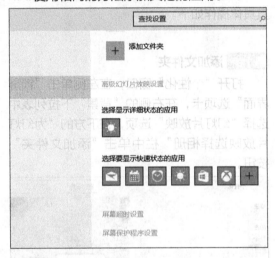

第8步 查看效果

单击"关闭"按钮返回桌面，按【Windows +L】键进入锁屏界面，即可查看到效果。

4.2.4 设置屏幕保护程序

屏幕保护程序是使显示器处于节能状态，以便保护显示屏幕的一种程序。它通过将在桌面上显示设置好的动画，避免显示屏幕长时间固定显示同一元素，从而延长电脑显示屏幕的使用寿命，其具体操作如下。

第1步 单击超链接

打开"个性化"窗口，在左侧单击"锁屏界面"选项卡，在右侧单击"屏幕保护程序设置"超链接。

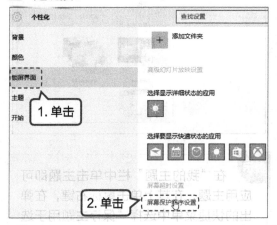

提示 在"屏幕保护程序"下拉列表中选择"照片"选项时，可单击右侧的"设置"按钮，在打开的对话框中自定义图片。

第2步 选择屏幕保护程序

打开"屏幕保护程序设置"对话框，在"屏幕保护程序"下拉列表中选择"气泡"选项，在"等待"数值框中输入"10"，单击"确定"按钮应用设置。

4.2.5 设置电脑主题

主题是一种外观方案，通常涉及背景、窗口颜色、声音和屏幕保护程序等。主题可从网上下载使用，也可将自己电脑中设置的主题保存并分享给他人。前面已经对系统的外观进行了个性化的设置，这里通过将其保存为"工作1"主题来介绍其具体操作。

第1步 单击"主题设置"超链接

打开"个性化"窗口，在左侧单击"主题"选项卡，在右侧单击"主题设置"超链接。

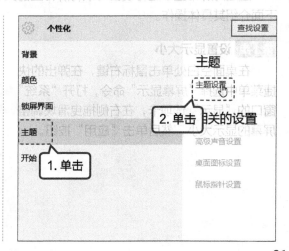

第2步 单击"保存主题"超链接

打开"个性化"窗口,在"我的主题"栏中显示了当前电脑中保存和未保存的主题,这里选择"未保存的主题"选项,单击右下方的"保存主题"超链接。

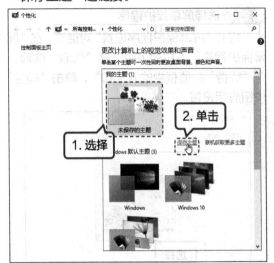

第3步 设置主题名称

打开"将主题另存为"对话框,在其中输入"工作1"文本,单击"保存"按钮。

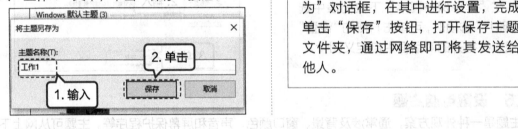

第4步 完成主题保存

此时主题将被保存,在"我的主题"栏中将显示新的主题名称。

> **提示** 在"我的主题"栏中单击主题即可应用主题,在其上单击鼠标右键,在弹出的快捷菜单中选择"保存主题用于选择共享"命令,打开"将主题包另存为"对话框,在其中进行设置,完成后单击"保存"按钮,打开保存主题的文件夹,通过网络即可将其发送给其他人。

4.2.6 设置屏幕显示

通过对屏幕显示进行设置可以将屏幕上的文字和图标变大或变小,还可以设置屏幕分辨率。下面介绍其具体操作。

第1步 设置显示大小

在桌面空白处单击鼠标右键,在弹出的快捷菜单中选择"屏幕显示"命令,打开"系统"窗口的"显示"选项卡,在右侧拖曳滑块调整屏幕的显示大小,然后单击"应用"按钮。

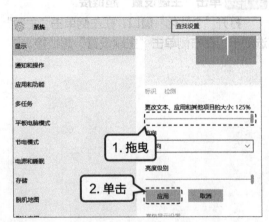

第2步 打开"高级显示设置"窗口

单击"高级显示设置"超链接，打开"高级显示设置"窗口，在"分辨率"下拉列表中选择推荐的屏幕分辨率，单击"应用"即可。

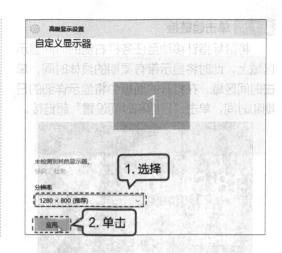

4.3 案例——设置系统当地日期和时间

/ 案例操作思路

本节视频教学时间 / 3分钟

为了方便查看日期和时间，本案例对系统日期和时间进行个性化设置。
设置完成后的效果如图所示。

/ 技术要点

（1）手动更改电脑的显示日期和时间。
（2）更改日期和时间的显示格式。
（3）添加附加时钟了解多国日期和时间。

4.3.1 更改日期和时间

系统显示的日期和时间默认情况下会自动与系统所在区域的互联网时间同步。当然，也可以手动更改日期和时间，其具体操作如下。

第1步 单击超链接

将鼠标指针移动至任务栏右侧的时间显示区域上,此时将显示带有星期的具体时间,单击时间区域,在打开的面板中将显示详细的日期和时间,单击"日期和时间设置"超链接。

第2步 单击"更改"按钮

打开"时间和语言"窗口,单击"自动设置时间"按钮,使其处于"关"状态,然后单击"更改"按钮。

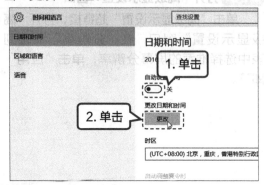

第3步 更改日期和时间

打开"更改日期和时间"对话框,在其中对应的下拉列表框中可设置指定的日期和时间,完成后单击"更改"按钮即可。

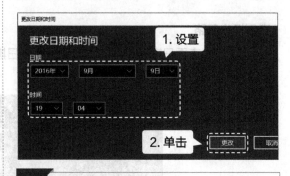

提示 若要恢复自动设置时间,可单击"自动设置时间"按钮,使其处于"开"状态。

4.3.2 更改日期和时间格式

Windows 10 系统日期和时间的显示格式可以根据用户需要进行更改,如在年月日前添加分隔符等,其具体操作如下。

第1步 选择超链接

打开"时间和语言"窗口,在"日期和时间"选项卡的"格式"栏中单击"更改日期和时间格式"超链接。

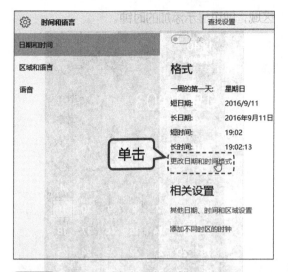

第2步 **设置日期和时间的格式**

打开"更改日期和时间格式"窗口，在其中可设置一周的第一天、短日期、长日期、短时间和长时间的显示格式。

第3步 **查看效果**

单击"关闭"按钮，返回桌面，单击"日期和时间"按钮，打开"日期和时间"面板查看效果。

4.3.3 添加附加时钟

系统默认显示的是当前时区的时间，用户还可以通过设置添加其他时区的日期和时间，其具体操作如下。

第1步 **单击超链接**

打开"时间和语言"窗口，在"相关设置"栏中单击"添加不同时区的时钟"超链接。

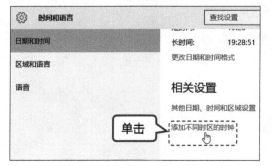

第2步 **设置时钟**

打开"日期和时间"对话框的"附加时钟"选项卡，在其中选择时区，然后输入时钟名称，单击"确定"按钮。

区域，即可显示添加的时钟。

第3步 查看效果

返回桌面，将鼠标指针移动到日期和时间

4.4 案例——设置鼠标和键盘方便日常工作

本节视频教学时间 / 4 分钟

/ 案例操作思路

对鼠标和键盘进行个性化设置，如设置鼠标按键、鼠标指针样式、设置屏幕键盘等，可以使其更加符合用户的使用习惯。

/ 技术要点

（1）根据使用习惯设置鼠标按键。

（2）设置个性化的鼠标指针样式。

（3）设置屏幕键盘辅助输入。

4.4.1 设置鼠标按键

鼠标按键的设置主要涉及鼠标主按键、滚轮行数、双击速度、单击锁定等。其具体操作如下。

第1步 单击"设备"按钮

打开"设置"窗口，在其中单击"设备"按钮。

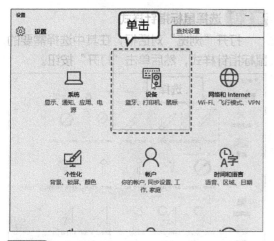

第2步 设置鼠标

打开"设备"窗口，在左侧单击"鼠标和触摸板"选项卡，在右侧的"选择主按钮"下拉列表中选择"左"选项，在"滚动鼠标滚轮即可滚动"下拉列表中选择"一次多行"选项，单击"当我悬停在非活动窗口上方时对其进行滚动"按钮，使其处于"开"状态。

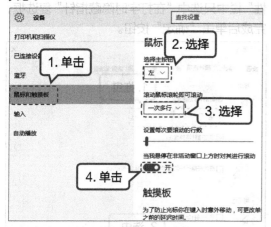

第3步 调整鼠标速度

在"相关设置"栏中单击"其他鼠标选项"超链接，打开"鼠标属性"对话框，在"双击速度"栏中拖曳滑块进行设置，然后单击选中"启用单击锁定"复选框，单击"设置"

按钮。

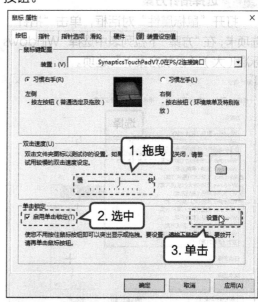

第4步 单击锁定的设置

打开"单击锁定设置"对话框，在其中拖曳滑块进行设置，完成后单击"确定"按钮，返回"鼠标属性"对话框，单击"确定"按钮。

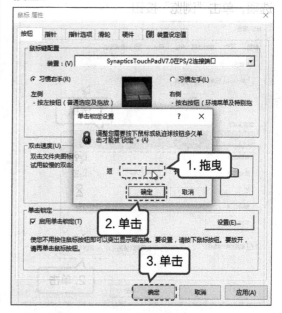

4.4.2 设置鼠标指针

鼠标指针的样式和速度等可通过设置来更改，下面从外观样式、移动速度和可见性几个方面来介绍设置鼠标指针的具体操作。

第1步 选择指针方案

打开"鼠标属性"对话框，单击"指针"选项卡，在"方案"下拉列表中选择"Windows 标准（大）（系统方案）"选项。

第2步 单击"浏览"按钮

在"自定义"列表框中选择"正常选择"选项，单击"浏览"按钮。

提示 在搜索框中输入"鼠标"文本，单击"搜索"按钮，在搜索结果中选择"更改鼠标指针的外观"选项，也可以打开"鼠标属性"对话框。

第3步 选择鼠标指针样式

打开"浏览"对话框，在其中选择需要的鼠标指针样式，然后单击"打开"按钮。

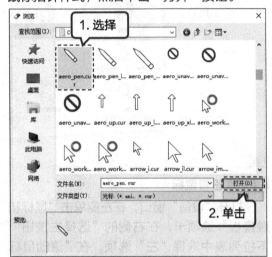

第4步 设置鼠标指针移动速度

单击"指针选项"选项卡，在"移动"栏中拖曳滑块调整鼠标指针移动速度；在"可见性"栏中只选中"在打字时隐藏指针"复选框，完成后单击"确定"按钮。

提示 在"设置"窗口中单击"轻松使用"选项，打开"轻松使用"窗口，在其中也可以设置鼠标指针的大小和颜色。

4.4.3　启用屏幕键盘

当键盘出现故障不能使用时,可启用屏幕键盘来代替键盘输入,启用屏幕键盘的具体操作如下。

第1步 开启屏幕键盘

在"设置"窗口中单击"轻松使用"选项,打开"轻松使用"窗口,在左侧选择"键盘"选项,在右侧单击"打开屏幕键盘"按钮,使其处于"开"状态。

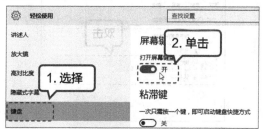

第2步 使用屏幕键盘

此时即可打开屏幕键盘,并始终处于窗口最前方,单击相应的键,即可输入对应的字符。

4.5 案例——设置系统声音

本节视频教学时间 / 6分钟

/ 案例操作思路

不同用户对系统声音的偏好往往有很大差距。在使用电脑前,如果能根据个人喜好设置好系统声音,则将为我们的工作和娱乐带来很大的便利。

/ 技术要点

（1）设置播放通信声音时降低系统播放音量。
（2）调节音量大小。
（3）设置声音效果增强播放。
（4）测试麦克风是否正常。
（5）设置麦克风效果提升声音质量。
（6）设置个性化的系统声音。

4.5.1　设置通信声音

用户可根据需要设置在系统收到通信声音时,自动降低当前正在播放的声音音量。设置通信声音的具体操作如下。

第1步 选择"声音"命令

在任务栏的"声音"图标上单击鼠标右键,在弹出的快捷菜单中选择"声音"命令。

第2步 设置减小音量

打开"声音"对话框,单击"通信"选项

卡。单击选中"将其他声音的音量减少 80%"单选项,单击"确定"按钮即可。

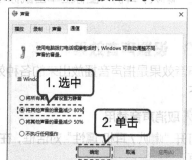

4.5.2 调节播放音量

调节播放音量不仅可以改变程序播放声音的大小，还可以调节耳机左右声道音量的大小，其具体操作如下。

第1步 设置音量大小

在任务栏的通知区域单击"喇叭/耳机"图标，在打开的面板中左右拖曳滑块可调节声音的大小。

第2步 设置应用程序声音大小

在"喇叭/耳机"图标上单击鼠标右键，在弹出的快捷菜单中选择"打开音量合成器"命令，打开"音量合成器"对话框。在"设备"栏拖曳滑块可调整整体音量大小，在"应用程序"栏对应的区域拖动滑块可调整相应程序的声音大小。

第3步 打开播放设备

在"喇叭/耳机"图标上单击鼠标右键，

在弹出的快捷菜单中选择"播放设备"命令，打开"声音"对话框，在其中双击耳机播放设备。

第4步 设置耳机左右声道音量

打开"喇叭/耳机 属性"对话框，单击"级别"选项卡，然后单击耳机设备栏下的"平衡"按钮，打开"平衡"对话框，在其中拖曳滑块分别设置左右声道的音量大小，完成后依次单击"确定"按钮即可。

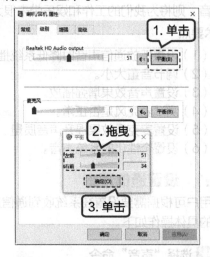

4.5.3 设置声音效果

声音效果是指声音播放出来的各种效果，用户可根据需要为声音设置模拟环境等，其具体操作如下。

第1步 取消声音禁用

打开"喇叭/耳机 属性"对话框，在其中单击"增强"选项卡，取消选中"禁用所有声音效果"复选框。

第2步 设置模拟环境声音效果

在中间的列表框中单击选中"环境"复选框,在"设置"下拉列表中选择一种环境,这里选择"礼堂"选项。

第3步 设置均衡器效果

在中间的列表框中单击选中"均衡器"复选框,在"设置"下拉列表中选择一种环境,

4.5.4 检测麦克风是否可用

如果将麦克风插入电脑后,并不能确定其是否正常工作,这时可通过系统自带的设置麦克风的功能来进行检测,其具体操作如下。

第1步 单击"开始"按钮

打开"设置"窗口,在其中单击"时间和语言"按钮,然后在打开的窗口左侧单击"语言"选项,在右侧的"麦克风"栏中单击"开始"按钮。

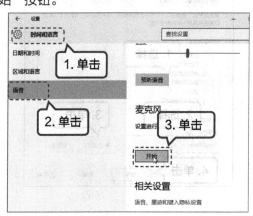

这里选择"舞曲"选项,完成后单击"确定"按钮即可。

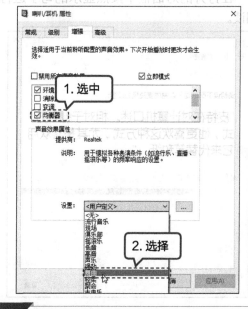

> **提示** 单击选择"变调"复选框,还可以在"设置"下拉列表中设置声音变调,如男声变女声效果。

第2步 查看麦克风说明

打开"设置麦克风"对话框,在其中显示了该功能的说明信息,直接单击"下一步"按钮。

第3步 朗读句子来完成设置

在打开的对话框中按照显示的句子进行朗读。

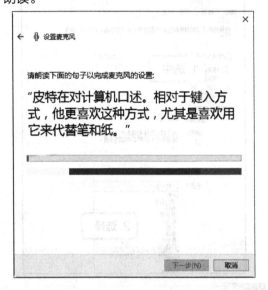

第4步 完成设置

朗读检查麦克风没有问题后，将打开对话框提示已设置好，单击"完成"按钮。

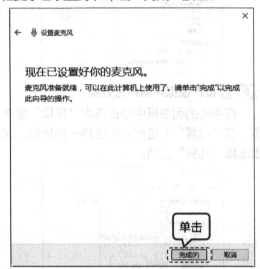

4.5.5 设置个性化的系统声音

系统声音可通过主题来进行个性化设置，如启用程序事件时的声音效果。其具体操作如下。

第1步 试听声音效果

打开"声音"对话框，在其中单击"声音"选项卡，在"程序事件"列表框中选择一种带有🔊图标的程序事件，然后单击"测试"按钮即可试听该程序事件的声音效果。

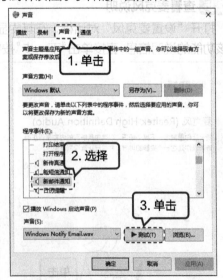

第2步 选择程序事件

在"程序事件"列表框中选择没有添加声音的事件选项，在"声音"下拉列表中选择一种声音效果，然后单击"测试"按钮可试听效果，完成后单击"确定"按钮即可。

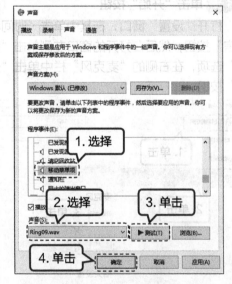

4.6 **案例——让办公中字体选择更多**

本节视频教学时间 / 3 分钟

/ 案例操作思路

在电脑办公过程中，为了使文档跳出千篇一律的旧格式，我们可以对版式进行设计，也可以在网上下载字体并将其安装在 Windows 10 中。为了保证系统稳定运行，减少资源占用量，我们可以对字体安装进行设置，以方便日常工作中的使用。

/ 技术要点

（1）设置系统字体安装方式。
（2）安装工作中需要的字体。
（3）删除不需要的字体。
（4）预览字体格式效果。

4.6.1 设置系统字体安装方式

用户可通过设置字体安装到系统中的方式来减少字体在系统资源中的占有量，从而释放空间，提高资源使用率。设置系统字体安装方式的具体操作如下。

第1步 **搜索"字体"设置**

在搜索框中输入"字体"文本，按【Enter】键，在打开的搜索结果中单击"字体"选项。

第2步 **单击超链接**

打开"字体"窗口，在左侧单击"字体设置"超链接。

第3步 **设置允许使用快捷方式安装**

在打开的窗口中的"安装设置"栏中单击选中"允许使用快捷方式安装字体（高级）"复选框，然后单击"确定"按钮。

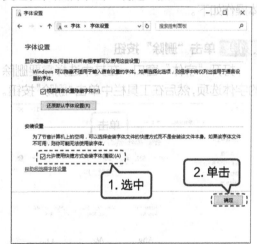

提示 需要注意的是，设置了使用快捷方式安装字体后，在使用字体时，字体的源文件不能移动，否则系统将找不到这些字体。

4.6.2 安装工作中需要的字体

系统字体默认都位于系统盘的 Windows 文件夹中的 Fonts 文件夹中，用户可直接将需要安装的字体复制到该文件夹中，也可通过快捷方式安装，其具体操作如下。

第1步 直接安装字体

在磁盘中选择需要安装的字体文件，在其上单击鼠标右键，在弹出的快捷菜单中选择"安装"选项，即可将所选的字体直接安装到系统中。

第2步 使用快捷方式安装

选择需要使用快捷方式安装的字体，在其上单击鼠标右键，在弹出的快捷菜单中选择"作为快捷方式安装"命令，即可以快捷方式将其安装到电脑中。

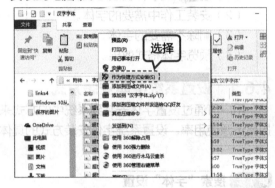

4.6.3 删除多余的字体

如果安装到系统中的字体长时间内不再使用，可将其删除，以节省空间。删除多余字体的具体操作如下。

第1步 单击"删除"按钮

打开"字体"窗口，在其中选择需要删除的字体选项，然后在工具栏中单击"删除"按钮。

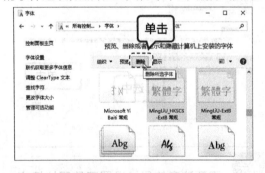

第2步 确认删除

此时将打开确认是否删除的提示框，在其中选择"是，我要从计算机中删除此整个字体集"选项即可。

4.6.4 预览字体格式效果

若不知道某一个字体的具体效果，可通过预览的方式来检查其是否满足当前工作的需要，其具体操作如下。

第1步 双击字体文件

在"字体"窗口中双击需要查看效果的字体文件。

第2步 查看效果

此时将打开字体窗口，在其中显示了该字体的效果。

高手支招

本节视频教学时间 / 2 分钟

1. 轻松解决忘记 Windows 登录密码的问题

若忘记密码，用户将无法登录 Windows 10 系统。下面介绍解决这一问题的方法，具体操作如下。

第1步 登录网站

找到另一台能上网的电脑，通过 Microsoft Edge 进入微软的找回密码网站。在首页单击"登录"按钮。

第2步 单击超链接

打开登录页面，输入账户，单击下方的"忘记密码了"超链接。

第3步 选择选项

在打开的界面中单击选中"我忘记了密码"单选项，单击"下一步"按钮。

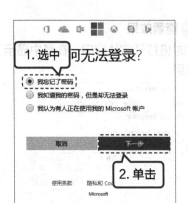

第4步 恢复你的账户

在打开的窗口中输入注册时的电话号码，根据提示一步一步获得短信代码用以验证，最后重新设置密码即可。

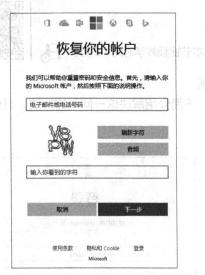

2. 无需输入密码自动登录系统

在登录 Windows 10 操作系统时，默认必须输入事先创建好的账户和密码。实际上，通过设置，用户无需输入密码就能自动登录操作系统。

第1步 打开运行窗口

单击"开始"按钮，在"开始"屏幕的程序列表中选择"运行"命令。

第2步 输入命令

打开"运行"对话框，在"打开"文本框中输入"control userpasswords2"，单击"确定"按钮。

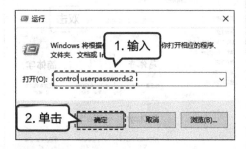

第3步 取消命令

打开"用户账户"对话框，取消选中"要使用本计算机，用户必须输入用户名和密码"复选框，单击"确定"按钮。

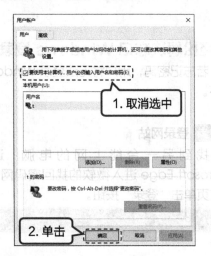

第4步 输入信息

打开"自动登录"对话框，在其中输入用户名和密码，单击"确定"按钮即可。

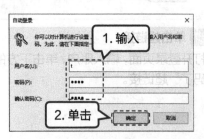

Chapter 05

在电脑中轻松打字

本章视频教学时间 / 11 分钟

⊃ 技术分析

电脑中的资料大多是通过键盘输入的，因此输入文字是电脑应用最基本的操作。

本章将具体介绍在 Windows 10 中设置输入法和语言以及使用拼音输入法、五笔输入法和其他输入法输入文字的具体操作。

⊃ 思维导图

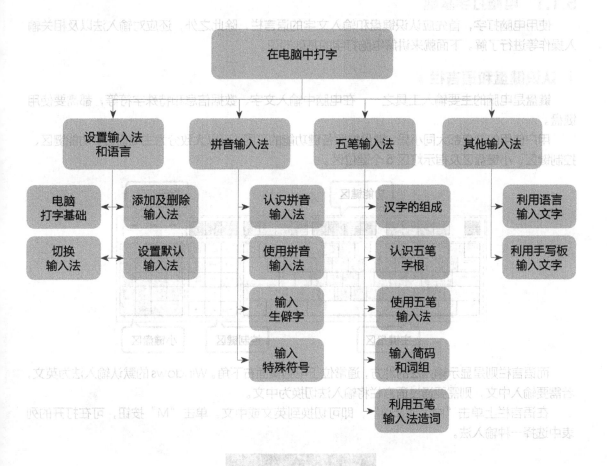

5.1 案例——设置输入法和语言

本节视频教学时间 / 3 分钟

/ 案例操作思路

为了使输入法和语言能够满足工作、生活中的需要，提高文字输入效率，我们可以对输入法和语言进行个性化的设置。

/ 技术要点

（1）电脑打字基础知识。

（2）添加输入法。

（3）切换输入法。

（4）删除输入法。

（5）设置默认的输入法

5.1.1 电脑打字基础

使用电脑打字，首先应认识键盘和输入文字的语言栏，除此之外，还应对输入法以及相关输入操作等进行了解。下面就来讲解电脑打字的基础知识。

1. 认识键盘和语言栏

键盘是电脑的主要输入工具之一，在电脑中输入文字、数据信息和特殊字符等，都需要使用键盘。

用户使用的键盘都大同小异，键盘按照各键功能的不同，可以大致分为主键盘区、功能键区、控制键区、小键盘区及指示灯区 5 个键位区。

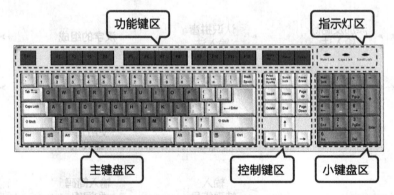

而语言栏则是显示输入法的地方，通常位于电脑桌面右下角。Windows 的默认输入法为英文，若需要输入中文，则需要通过语言栏将输入法切换为中文。

在语言栏上单击"中"或"英"，即可切换到英文或中文。单击"M"按钮，可在打开的列表中选择一种输入法。

2. 常见的输入法

系统安装完成后，通常会默认安装一些输入法，包括英文和中文两种，而中文输入法主要分为拼音输入法和字型输入法两种。

● 拼音输入法：拼音输入法指根据26个拼音字母和汉语拼音方案输入汉字的输入法。常见的拼音输入法包括搜狗拼音输入法、微软拼音输入法、智能ABC输入法等。在任务栏中单击"M"按钮，在打开的列表中选择输入法命令，即可切换到对应的输入法，且在电脑桌面上会显示该输入法的状态条。下图所示为搜狗拼音输入法的状态条。

● 字型输入法：字型输入法指根据汉字的笔画、结构和书写规则，通过笔画在键盘中的对应按键进行汉字输入的方法。常见的字型输入法包括王码五笔字型输入法、极品五笔字型输入法、万能五笔输入法等。下图所示为万能五笔输入法的状态条。

3. 切换全角和半角

全角和半角主要针对标点符号，全角标点符号占两个字节，半角标点符号占一个字节。在输入法的状态条中单击"全角 / 半角"按钮，或者按【Shift+Space】组合键，即可在全角与半角之间进行切换。

5.1.2　根据使用习惯添加输入法

用户可以将系统自带的输入法添加到语言栏中，也可自行安装一些下载的输入法，还可以根据使用习惯，来调整语言栏中的输入法，其具体操作如下。

第1步　选择"语言首选项"

在任务栏右下角单击输入法按钮，在弹出的列表中选择"语言首选项"。

第2步　单击"选项"按钮

打开"设置"窗口，左侧默认选择了"区域和语言"，在右侧单击"中文（中华人民共和国）"选项，在展开的按钮中单击"选项"按钮。

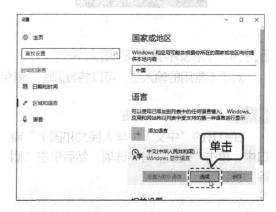

第3步　添加五笔输入法

打开"中文（中华人民共和国）"窗口，单击"添加键盘"选项，在打开的列表中选择"微软五笔"选项，即可添加该输入法。

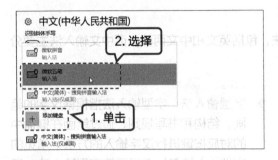

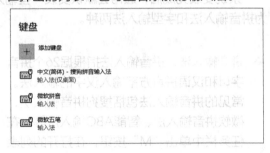

已添加的输入法。在任务栏单击输入法按钮，在弹出的列表中也可查看添加的输入法。

第4步 查看输入法

此时在该窗口的"键盘"栏下，即可查看

5.1.3 切换到添加的输入法

要使用某输入法输入文字前，需要先切换到该输入法，可通过选择输入法和快捷键两种方式来实现，具体操作如下。

● 选择输入法：在任务栏通知区域的图标上单击，在打开的列表中选择需要的输入法即可。

● 使用快捷键：按【Windows】键的同时按住空格键即可。

5.1.4 删除不常用的输入法

对于不常用的输入法，可以将其删除，避免占用空间，其具体操作步骤如下。

第1步 单击"删除"按钮

在打开的"中文（中华人民共和国）"窗口中，单击"微软拼音"选项，然后单击"删除"按钮。

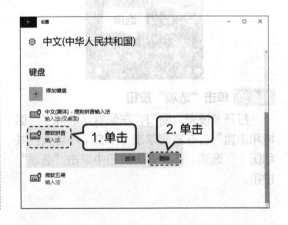

第2步 删除输入法

此时"微软拼音"输入法即可被删除。

提示 用户可在网络中下载其他输入法的安装包进行安装。按【Ctrl+Shift】组合键，能快速在已安装的输入法之间进行切换。

5.1.5 把经常使用的输入法设置为默认输入法

Windows 10 默认使用微软输入法，也可将习惯使用的其他输入法设置为默认输入法，其具体操作如下。

第1步 选择选项

单击"中文（中华人民共和国）"窗口左上角的"后退"按钮，退到"设置"窗口中，单击右侧面板下方的"其他日期、时间和区域设置"选项。

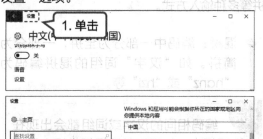

第2步 单击超链接

在"时钟、语言和区域"窗口中，单击"更换输入法"超链接。

第3步 单击超链接

打开"语言"窗口，在左侧单击"高级设置"超链接。

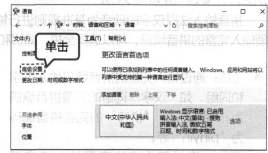

第4步 设置默认输入法

打开"高级设置"对话框，在"替代默认输入法"下拉列表中选择默认的输入法，单击"保存"按钮。

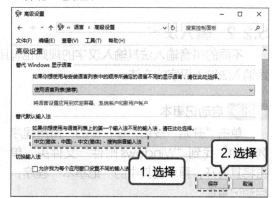

5.2 案例——使用拼音输入法输入汉字

本节视频教学时间 / 3 分钟

/ 案例操作思路

本案例讲解如何使用拼音输入法输入文字，包括全拼、简拼、双拼的使用等，帮助读者全面了解拼音输入法的使用特点。

/ 技术要点

（1）认识拼音输入法，然后使用拼音输入法输入汉字。

（2）使用拼音输入法输入生僻字。

（3）使用拼音输入法输入特殊符号。

5.2.1 认识拼音输入法

拼音输入法以汉字的读音为基准规则进行输入，但在拼音输入法中，并不要求每个汉字都必须输入完整的拼音编码，可以选择全拼、简拼和混拼等多种输入方式。

● 全拼：通过输入完整的拼音编码输入汉字和词组。如"汉字"词组的完整拼音编码为"hanzi"，"拼音"的完整拼音编码为"pinyin"等。

● 简拼：通过每个字的声母输入汉字或词组。如"汉字"词组的简拼编码为"hz"，"超链接"的简拼编码为"cljj"等。

● 混拼：编码中一部分为全拼，一部分为简拼。如"汉字"词组的混拼编码为"hanz"或"hzi"等。

> **提示** 编码相同的汉字或词组都会出现在选词框中，如果当前选词框中没有需要的汉字或词组，可通过按【＋】号或【－】号上下翻页，查找并选词。

5.2.2 输入汉字

不同的拼音输入法其输入汉字的规则也有所差别。下面将以微软拼音输入法为例介绍使用拼音输入法输入汉字的方法。

第1步 启动记事本

单击"开始"按钮，在右侧的"常用程序列表中"找到"Windows 附件"文件夹，单击将其展开，再单击其中的"记事本"程序，启动记事本。

第2步 输入文本

在"无标题 - 记事本"中定位光标插入点，输入编码"pinyinshurf"，打开输入法选词框，按空格键即可输入汉字"拼音输入法"。

5.2.3 输入生僻字

对于一些生僻字，用户不知道其拼音，只知道字形，则可根据字形，通过"U"模式，拆分输入该文字各个部分的拼音，即可输入该文字。下面讲解如何输入生僻字"犇"和"堃"，其具体操作如下。

第1步 输入文字

"犇"字可被拆分为 3 个"牛"字，在搜狗输入法下输入"uniuniuniu"，即可显示"犇"字及其拼音，按空格键即可输入。

第2步 输入文字

"堃"字可被拆分为 2 个"方"和 1 个"土"，在搜狗输入法下输入"ufangfangtu"，即可显示"堃"字及其拼音，按空格键即可输入。

5.2.4 输入特殊符号

特殊符号可通过键盘输入，也可通过输入法的状态条输入，其具体操作如下。

第1步 通过键盘输入"@"

按【BackSpace】键删掉之前输入的文字，按住【Shift】键不放，再按键盘字母区上方的数字键"2"，此时将输入该键上的另一个符号"@"。

第2步 通过状态条输入其他特殊符号

在输入法状态条上单击鼠标右键，在弹出的菜单中选择"表情＆符号→特殊符号"选项。

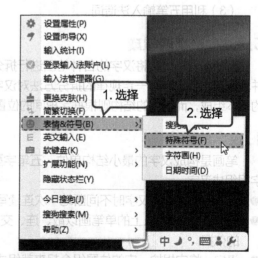

第3步 选择特殊符号

打开"搜狗拼音输入法快捷输入"对话框，

单击"特殊符号"按钮，在其中选择一种特殊符号。

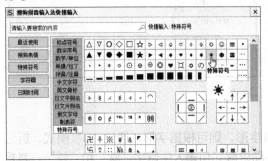

第4步 输入特殊符号

输入特殊符号，如图所示。

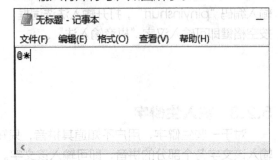

5.3 案例——使用五笔输入法输入汉字

本节视频教学时间 / 2 分钟

/ 案例操作思路

本案例使用五笔输入法输入文字，熟练使用该输入法，不仅可以快速输入常用文字，还能快速输入生僻字。

输入的文字效果如图所示。

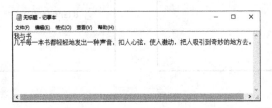

/ 技术要点

（1）认识汉字的组成结构，以及五笔输入法的字根。

（2）通过五笔输入法输入简码和词组。

（3）利用五笔输入法造词。

5.3.1　汉字的组成

五笔字型输入法将汉字的各种笔画进行拆分，使基础笔画分布在主键盘区的各字母键位上，并利用汉字结构和有一定规律的拆分方法对汉字进行编码。要使用五笔输入法，首先要了解汉字的基本组成，而汉字的结构则根据字根间的位置关系来确定。

1. 汉字的层次

笔画是构成汉字的最小结构单位，五笔字型输入法将基本笔画编排、调整构成字根，然后用字根组成汉字。

- 笔画：是指书写汉字时不间断地一次连续写成的一个线段。
- 字根：是由2个以上的单笔画以散、连、交方式构成的笔画结构或汉字，它是五笔输入法编码的依据。
- 汉字：将字根按一定的位置组合起来就组成了汉字。

2. 汉字的笔画

五笔字型输入法将汉字的诸多笔画归结为横（一）、竖（丨）、撇（丿）、捺（丶）以及折（乙）5种，每一种笔画分别以1、2、3、4、5作为代码，按汉字书写顺序输入对应的数字，即可打出相应的汉字。

5.3.2 认识五笔字根

字根是指由若干笔画交叉连接而形成的相对不变的结构，它是构成汉字的基本单位，也是学习五笔输入法的基础。

五笔字型自1983年诞生以来，先后有86五笔、98五笔和新世纪五笔等多个版本。五笔输入法将构成汉字的130多个基本字根合理地分布在键盘的25个键位上，其分布规则是：以字根的首笔画代码属于哪一区为依据，如"禾"字根的首笔画是"丿"，就归为撇区，即第三区；"土"字根的首笔画是"一"，就归为横区，即第一区。如图所示为86版五笔字根的键盘分布图。

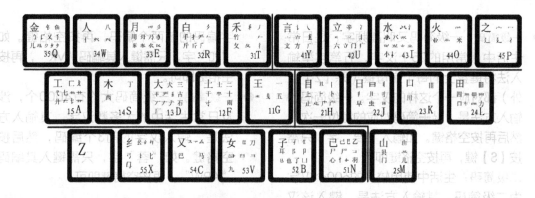

5.3.3 使用五笔输入法输入汉字

使用五笔输入法输入汉字的操作很简单，只要记住了五笔字根对应的按键，即可快速输入文字。其具体操作如下。

第1步 输入"我"

打开"记事本"程序，按【Ctrl+Shift】组合键切换到微软五笔输入法，在"无标题 - 记事本"中定位光标插入点，输入编码"q"，此时选词框的第一位出现汉字"我"，按空格键输入。

第2步 输入"与"

输入编码"gng"，选词框第一位为"与"字，按【1】键输入。

第3步 输入"书"

输入编码"nnhy"，选词框第一位为"书"，按空格键输入。

第4步 输入全文

使用五笔字型输入法的拆字和字根编码方法输入短文的其他内容。

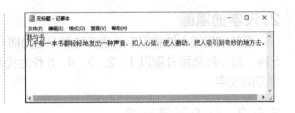

5.3.4 输入简码和词组

了解五笔字型字根后，即可根据字型字根输入汉字。除此之外，还可根据汉字输入频率的高低输入简码和词组。

1. 输入简码

在五笔字型输入法中，根据汉字使用频率的高低，将汉字分为一级简码、二级简码和三级简码。

- 一级简码：一级简码又叫高频字，是日常生活中最常用的25个汉字，五笔字型输入法将键盘上的每个字母键（除【Z】键外）都对应一个这样的汉字。一级简码的输入方法是，敲击简码对应的键位一次，然后再按空格键。如输入"要"字，只需按【S】键，再按空格键即可。
- 二级简码：生活中使用较多的600个汉字为二级简码。其输入方法是，键入该汉字编码的前两个编码，再按空格键。如"如"字，只需键入其编码"VK"，再按空格键即可。
- 三级简码：三级简码大约有4000个，涉及日常生活中的大多数汉字。其输入方法是，输入汉字的前3个编码，然后按空格键。如"蓉"字，只需键入其编码"APW"，再按空格键即可。

2. 输入词组

词组主要包括二字词组、三字词组、四字词组和多字词组4种。

- 二字词组：指包含两个汉字的词组。二字词组的取码规则为，分别取第1个字和第2个字的前2码。如"吸取"，只需键入编码"KEBC"即可输入。
- 三字词组：指包含3个汉字的词组。三字词组的输入规则为，分别取前两个字的第一码，然后再取第三字的前两码，共4个编码组成词组编码。如"计算机"，只需键入编码"YTSM"即可输入。
- 四字词组：四字词组的输入规则为，分别取4个字的第一码，共4个编码组成词组编码。如"青山绿水"，只需键入其编码"GMXI"即可输入。
- 多字词组：多字词组的输入规则为，取第一、第二、第三及最末一个字的第一码，共4个编码组成词组编码。如"但愿人长久"，只需键入编码"WDWQ"即可。

5.3.5 利用五笔输入法造词

使用一些第三方五笔输入法（如搜狗五笔输入法），还可通过造词将用户的常用词存储在字库里，方便使用，提高工作效率，其具体操作如下。

第1步　选择选项

按【Ctrl+Shift】组合键，切换到搜狗五笔输入法，在状态条上单击鼠标右键，在弹出的快捷菜单中选择"常用工具→五笔造新词"选项。

第2步　设置词组

打开"造新词"对话框，在"新词"文本框中输入词组，"新词编码"会自动匹配相应的编码，单击"确定"按钮即可。

5.4　案例——使用其他输入法

本节视频教学时间 / 2分钟

/ 案例操作思路

本案例利用语音和手写板输入文字，这两种输入方法在一些特殊情况下非常实用，如语音输入法可帮助用户在不方便打字的情况下快速输入文字。

输入的文字效果如图所示。

/ 技术要点

（1）通过 QQ 拼音输入法，打开语音输入文字。

（2）通过手写板输入文字。

5.4.1　利用语音输入文字

在一些特殊情况下，如不方便打字，则可通过语音输入文字。下面讲解如何通过 QQ 语音输入文字，其具体操作如下。

第1步　启动语音输入

启动记事本，将鼠标指针定位到记事本中，在 QQ 输入法的状态条上单击"工具"按钮，在展开的界面中单击"语音"选项。

第2步 开始说话

打开"QQ云语音面板"对话框，单击"开始说话"按钮。

第3步 停止说话

单击"停止说话"按钮，经过系统转换，即可输入文字。

第4步 输入文字

输入的文字效果如图所示。

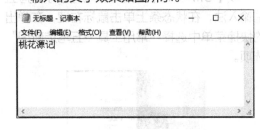

5.4.2 利用手写板输入文字

若一个文字既不知道拼音，又不知道如何拆分，则可利用拼音输入法里的手写板，手写输入文字，其具体操作如下。

第1步 启用手写板

①将鼠标指针定位到需要输入文字的位置，在状态条上单击鼠标右键，在弹出的快捷菜单中选择"扩展功能→扩展功能管理器"命令；②打开"扩展功能管理器"窗口，在"手写输入"栏下单击"使用"按钮。

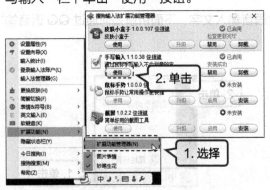

第2步 手写文字

①打开"手写输入"窗口，在左侧的面板中书写需要输入的文字；②在右侧选择正确的那个字即可输入。

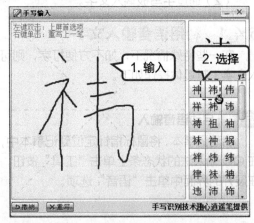

高手支招

1. 通过拼音输入法添加颜文字表情

本节视频教学时间 / 1分钟

与造词的方法类似，在拼音输入法中也可自定义许多年轻人喜欢的颜文字表情，其具体操作如下。

第1步　选择自定义短语

在输入法状态条上单击鼠标右键，在弹出的快捷菜单中选择"设置属性"命令，打开"搜狗拼音输入法设置"对话框，在左侧的列表中选择"高级"选项，在右侧的"高级模式"栏中单击"自定义短语设置"按钮。

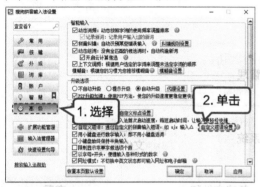

第2步　添加颜文字

打开"搜狗拼音输入法 - 自定义短语设置"窗口，单击"添加新定义"按钮，在打开的对话框中设置好相关文字、出现的位置和颜文字，单击"确定添加"按钮。返回之前的窗口，单击"保存"按钮，再返回之前的窗口，单击"应用"按钮即可。此后，在输入"fighting"时，文字框第2位出现的即为颜文字。

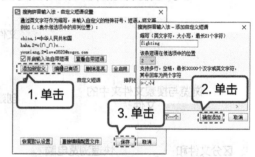

2. 快速输入字符画

使用搜狗输入法还可快速输入由文字和其他特殊符号组成的字符画。搜狗已为用户存储了许多字符画，用户可根据需要进行选择。

第1步　选择命令

将鼠标指针定位到需要输入的对话框或文件中，在搜狗状态条上单击"工具"按钮，在弹出的菜单中选择"表情＆符号→字符画"命令。

第2步　选择字符画

打开"搜狗拼音输入法快捷输入"窗口对应的"字符画"栏，在右侧选择要添加的字符画即可。

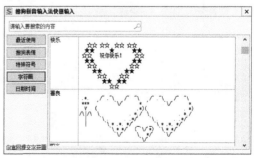

Chapter 06

文件资源管理

本章视频教学时间 / 20分钟

⊃ 技术分析

　　电脑中的所有数据都是以文件为单位进行存储的，因此用户一定要掌握在 Windows 10 中进行文件资源管理的方法。

　　本章将具体介绍库文件的使用、浏览和搜索文件或文件夹的方法，以及创建与操作文件或文件夹、设置文件或文件夹属性等知识。

⊃ 思维导图

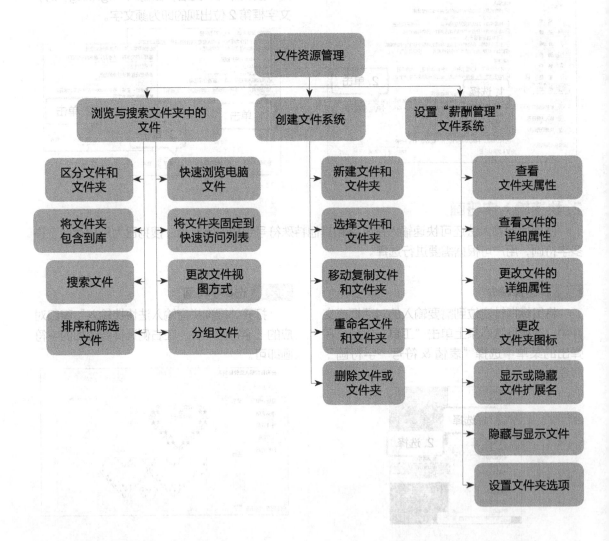

6.1 案例——浏览与搜索

本节视频教学时间 / 7 分钟

/ 案例操作思路

本案例对电脑中的文件进行浏览、搜索、设置和查看，帮助读者熟练掌握 Windows 10 中文件和文件夹的相关操作。

最后的效果如图所示。

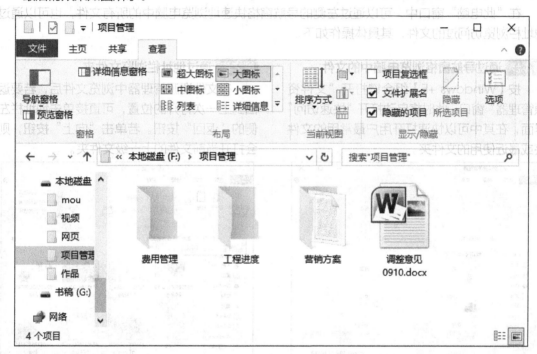

/ 技术要点

（1）浏览文件或文件夹。
（2）包含文件夹到库。
（3）搜索文件或文件夹。
（4）管理文件或文件夹。

6.1.1 区分电脑中的文件和文件夹

在"此电脑"窗口中，可以看到名为"本地磁盘（C:）"等的硬盘分区，这些分区就是电脑中用来存储文件和文件夹的地方，叫作磁盘。文件与文件夹属于包含和被包含的关系，文件夹中可以存储多个文件或子文件夹，但文件中不能存储文件夹。

第1步 认识文件

文件是组成整个电脑最基本的元素，电脑中的图片、声音、应用程序和文档等都是文件。文件在电脑中一般以图标形式显示，主要由文件图标、文件名称、分隔符和文件扩展名、文件信息等组成。

第2步 认识文件夹

文件夹主要用来存放电脑中的文件，用户

可将不同的文件分类整理到相应的文件夹中，便于使用时快速找到。文件夹一般由文件夹图标、文件夹名称和文件夹说明信息 3 部分组成。

文件夹图标

创建日期: 2012-11-14 21:50
大小: 441 MB
文件夹: 春游

6.1.2　快速浏览电脑中的文件

在"此电脑"窗口中，可以通过左侧的导航窗格快速地浏览电脑中的所有文件，也可以通过地址栏浏览访问过的文件，其具体操作如下。

第1步　通过导航窗格浏览电脑中的文件

按【Windows +E】组合键打开"文件资源管理器"窗口，此时将自动打开"快速访问"界面，在其中可以快速打开用户最常用的文件夹或最近使用的文件夹。

第2步　通过地址栏浏览文件夹

在文件资源管理器中浏览文件后，若要返回到上一次打开的位置，可直接单击地址栏左侧的"返回"按钮。若单击"向上"按钮，则会打开当前文件的上一级文件夹。

6.1.3　将文件夹包含到库

库类似于文件夹的集合，用户可以从一个位置浏览、访问所有的文档、音乐、图片等文件。与文件夹不同的是，库可以存储多个位置的文件。

第1步　选择库

在"项目管理"文件夹上单击鼠标右键，在弹出的快捷菜单中选择"包含到库中"命令，在打开的子菜单中选择"文档"选项。

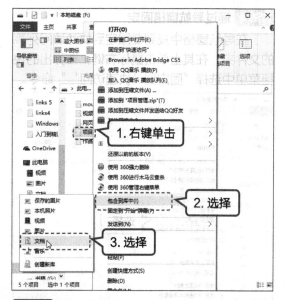

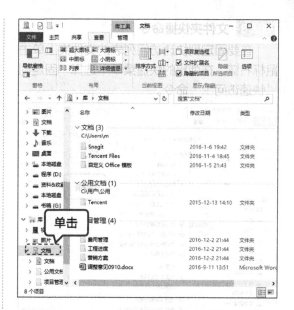

第2步 查看库文件

在导航窗格中打开"文档"库即可看到"项目管理"文件夹。

> **提示** 若要删除包含到库中的文件夹，可单击"管理"选项卡，然后单击"管理库"按钮，在打开的对话框中选择要删除的文件，单击"删除"按钮即可。

6.1.4　将文件夹固定到快速访问列表

对于频繁使用的文件夹，可将其固定到"快速访问"窗口中，以便于快速找到并使用，主要有以下4种方法来实现。

方法1　"固定到'快速访问'"按钮

打开"项目管理"文件夹所在的位置，在"主页"选项卡中单击"固定到'快速访问'"按钮即可。

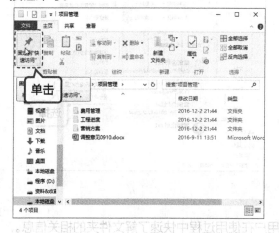

方法2　通过快捷命令

打开要固定到快速访问列表的文件夹，在导航窗格上的"快速访问"栏上单击鼠标右键，在弹出的快捷菜单中选择"将当前文件夹固定到'快速访问'"命令。

方法 3 文件夹快捷命令

在要固定到快速访问列表的文件夹上单击鼠标右键，在弹出的快捷菜单中选择"固定到'快速访问'"命令。

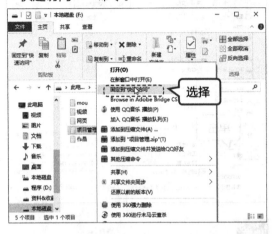

方法 4 通过导航窗格固定

在导航窗格中找到要固定到快速访问列表的文件夹，在其上单击鼠标右键，在弹出的快捷菜单中选择"固定到'快速访问'"命令。

6.1.5 搜索文件

若不记得文件保存在电脑中的什么位置时，可通过搜索功能来找到文件。需要注意的是，在使用文件资源管理器搜索文件时，若打开了某一个磁盘，则只对该磁盘进行搜索；若要对整个电脑进行搜索，则必须在"此电脑"窗口中进行。其具体操作如下。

第 1 步 输入关键字搜索

在桌面上双击"此电脑"图标，打开"此电脑"窗口，在窗口右上方的搜索框中输入"营销企划 .txt"关键字。

第 2 步 显示搜索结果

系统将自动进行搜索，并将结果显示在窗口右侧，双击即可打开文件；在文件上单击鼠标右键，在弹出的快捷菜单中选择"打开文件所在的位置"命令，可打开文件所在的文件夹位置。

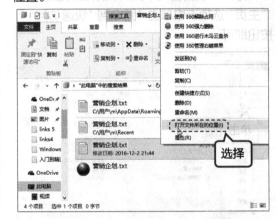

6.1.6 更改文件的视图方式

Windows 10 提供了 8 种文件视图方式，便于用户在使用过程中快速了解文件夹的相关信息。用户可根据需要随时更改文件的视图方式。

方法 1 单击视图按钮

在"文件资源管理器"窗口中单击"查看"选项卡，在"布局"组中单击"更多"按钮，即可看到所有的视图方式。

方法 2 使用右键菜单

在窗口的空白处单击鼠标右键，在弹出的快捷菜单中选择"查看"命令，在打开的子菜单中选择对应的视图方式。

提示 除了上面介绍的两种方法外，还可以在按住【Ctrl】键的同时滚动鼠标滚轮，快速调整各种视图方式。另外，在窗口的右下角提供了"详细信息"按钮和"大图标"按钮，分别单击这两个按钮，即可快速切换到相应的视图模式。

6.1.7　排序和筛选文件

当一个文件夹中存放了多个文件或文件夹时，可能不利于用户查找和使用。此时，可通过对文件或文件夹进行排序或筛选来快速找到需要的文件。

1. 文件排序

通过改变在显示窗口中排列文件图标的顺序，用户可通过文件名、文件大小、创建日期和类型等属性快速找到文件，其具体操作如下。

第 1 步 按"详细信息"显示文件夹

打开要进行排序的文件夹窗口，在右下方单击"详细信息"按钮，切换到"详细信息"视图方式。

第 2 步 单击"修改日期"标签

单击"修改日期"标签，此时文件将按照时间从新到旧进行排列。

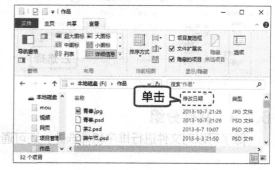

第3步 按修改日期排序

再次单击"修改日期"标签，此时文件将按照修改日期从旧到新重新排列。

第4步 增加排序方式

在任意标签上单击鼠标右键，在弹出的快捷菜单中选择"其他"命令，打开"选择详细信息"对话框，在其中可选择所需的排序方式，然后单击"确定"按钮。

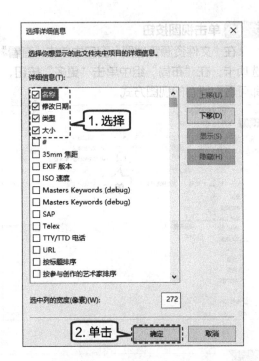

提示

若在其他视图方式下，可直接在窗口空白处单击鼠标右键，在弹出的快捷菜单中选择"排序方式"命令，在打开的子菜单中选择需要的排序方式即可。

2. 文件筛选

文件筛选可使窗口中只显示特定的文件，如只显示指定类型的文件，其具体操作如下。

第1步 选择类型筛选条件

单击"类型"标签右侧的下拉按钮，在打开的列表中选择要筛选的文件类型。

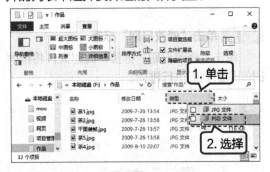

第2步 查看结果

此时，在文件夹中将只显示 PSD 格式的文件。

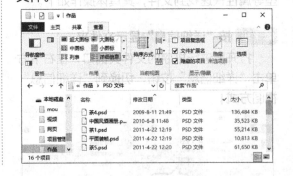

6.1.8 文件分组

除了可以对文件进行排序和筛选外，还可通过分组来管理文件，其具体操作如下。

第1步 选择分组依据

在"查看"选项卡的"当前视图"组中单击"分组依据"下拉按钮，在打开的列表中选择"类型"选项。

第2步 选择分组文件

此时即可按类型对文件进行分组，单击分组的名称，即可选择该组中的所有文件。

第3步 折叠分组

单击分组名称左侧的折叠按钮，可以隐藏分组内的所有文件。

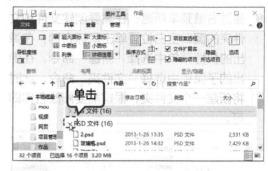

第4步 取消分组

在窗口空白处单击鼠标右键，在弹出的快捷菜单中选择"分组依据"命令，在打开的子菜单中选择"无"命令。

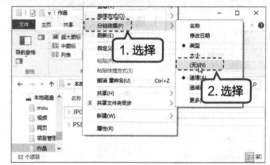

6.2 案例——创建"薪酬管理"文件系统

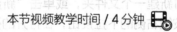
本节视频教学时间 / 4分钟

/ 案例操作思路

本案例要创建一个文件系统，主要目的是将杂乱的文件进行归档，便于查找和使用。

/ 技术要点

（1）新建文件和文件夹。

（2）选择文件和文件夹。

（3）移动或复制文件和文件夹。

（4）重命名文件和文件夹。

（5）删除文件和文件夹。

6.2.1 在电脑中新建文件和文件夹

新建文件和文件夹的方式有很多，用户可根据使用习惯，选择一种适合自己的方式。

● 通过右键菜单新建：在需要创建文件和文件夹的窗口空白位置单击鼠标右键，在弹出的快捷菜单中选择"新建"命令，在弹出的子菜单中选择"文件夹"命令，此时将新建一个文件夹，根据需要修改名称即可。

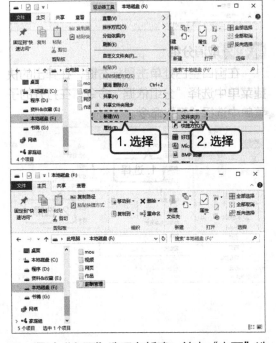

● 通过"主页"选项卡新建：单击"主页"选项卡，在"新建"组中单击"新建文件夹"按钮即可新建一个文件夹，或单击"新建项目"按钮右侧的下拉按钮，在打开的列表中选择需要新建的文件类型即可新建一个指定类型的文件。

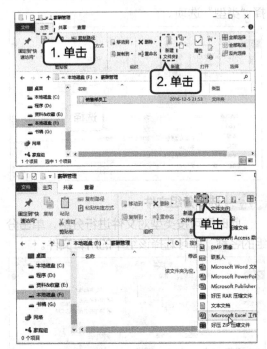

● 通过快捷键新建文件夹：直接按【Ctrl+Shift+N】组合键即可。

● 通过快速访问工具栏新建：在文件资源管理器窗口左上角单击"新建文件夹"按钮。

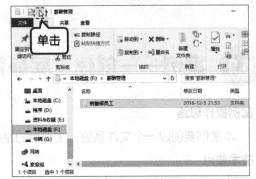

6.2.2 通过不同的方式选择文件和文件夹

对文件和文件夹进行任何操作时，都需要先选择文件和文件夹，用户可根据需要选择一个、多个相邻或多个不相邻的文件和文件夹，其具体操作如下。

第1步 选择单个文件或文件夹

单击需要选择的文件或文件夹即可选择该文件或文件夹，被选中的文件或文件夹显示蓝色阴影。

第2步 选择多个不相邻的文件或文件夹

选择第一个文件或文件夹后，按【Ctrl】键后依次单击其他需要选择的文件或文件夹。

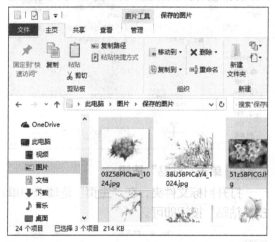

第3步 选择多个相邻的文件或文件夹

选择第一个文件，按住【Shift】键的同时，单击要选择的文件或文件夹的最后一个，即可选择这两个文件或文件夹之间的全部文件。

第4步 框选文件或文件夹

在窗口空白处按住鼠标左键不放，拖曳鼠标指针框选需要选择的文件或文件夹。

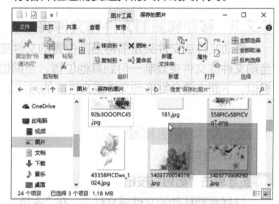

第5步 反选文件或文件夹

先选择窗口中不需要选择的文件或文件夹，然后单击"反向选择"按钮即可。

第6步 选择全部文件或文件夹

在"主页"选项卡中单击"全部选择"按钮或按【Ctrl+A】组合键。

> **提示** 在文件资源管理器窗口中单击"查看"选项卡，在"显示/隐藏"组中单击选中"项目复选框"，此时将鼠标指针置于文件上将显示复选框，选择需要选择的文件或文件夹左上角的复选框即可选择多个不相邻的文件或文件夹。

6.2.3 移动和复制文件和文件夹

移动文件或文件夹是指将当前位置的文件或文件夹移动到其他位置；复制文件或文件夹是将当前文件或文件夹复制一份到其他位置，当前位置的文件或文件夹不会被删除。两个操作的方法相似，下面主要介绍移动文件或文件夹的方法。

1. 通过功能按钮移动

具体操作如下。

第1步 单击"剪切"按钮

选择需要移动的文件或文件夹，在"主页"选项卡中单击"剪切"按钮。

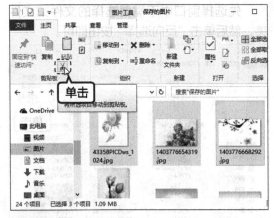

第2步 查看剪切效果

此时，被剪切后的文件颜色将变淡显示。

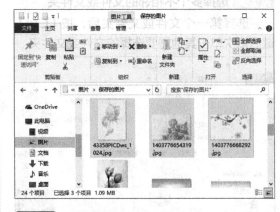

第3步 单击"粘贴"按钮

打开目标文件夹，在"主页"选项卡中单击"粘贴"按钮即可。

2. 通过右键快捷菜单移动

具体操作如下。

第1步 选择"剪切"命令

选择需要移动的文件或文件夹，在其上单击鼠标右键，在弹出的快捷菜单中选择"剪切"命令。

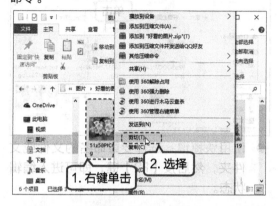

第2步 选择"粘贴"命令

打开需要粘贴文件或文件夹的位置，在空白处单击鼠标右键，在弹出的快捷菜单中选择"粘贴"命令。

3. 其他移动文件和文件夹的方法

除了前面介绍的两种方法外，还可使用快捷键移动、拖曳鼠标指针移动等。

● 通过快捷键移动：选择文件或文件夹后，按【Ctrl+X】组合键剪切文件或文件夹，然后切换到目标位置，按【Ctrl+V】组合键粘贴文件或文件夹。

● 通过拖曳鼠标指针移动：当文件或文件夹处于同一磁盘时，可直接使用鼠标指针将其拖曳到目标位置；若处于不同磁盘时，该操作可以复制文件或文件夹。

> **提示** 对文件或文件夹进行操作后，也可按【Ctrl+Z】组合键撤销操作，按【Ctrl+Y】组合键恢复操作。用户还可以通过文件资源管理器窗口上方的快速访问工具栏中的"撤销"或"恢复"按钮实现撤销或恢复操作。若快速访问工具栏中没有该按钮，可单击右侧的下拉按钮，在打开的列表中选择相应的选项添加。

6.2.4 为文件或文件夹重命名

新建的文件通常都使用默认的名称，要想区别这些文件或文件夹，用户可根据需要为其重命名，其方法如下。

● 单击文件名：选择要重命名的文件或文件夹，然后单击文件或文件夹的名称，此时文件名将进入编辑状态，输入新名称即可。

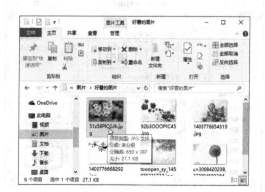

Windows 10 从入门到精通

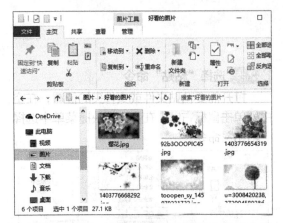

● 使用右键快捷菜单：选择要重命名的文件
或文件夹，然后在其上单击鼠标右键，在
弹出的快捷菜单中选择"重命名"命令。

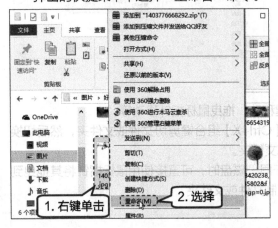

● 单击功能按钮：选择要重命名的文件或文
件夹，然后在"主页"选项卡中单击"重
命名"按钮。

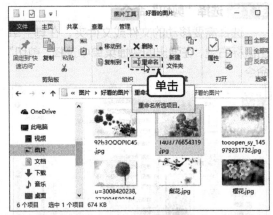

● 使用快捷键：选择要重命名的文件或文
件夹，然后按【F2】键，即可进入编辑
状态。

> **提示** 要同时对多个文件或文件夹重命名，
> 可在选择多个文件或文件夹后，按【F2】
> 键进入编辑状态，然后输入新名称，再
> 按【Enter】键确认即可将所选文件或文
> 件夹全部重命名，并用序号区分。

6.2.5 删除不需要的文件或文件夹

对于电脑中不再需要的文件或文件夹，可将其删除，以节约空间，便于管理。删除文件或文
件夹有多种方式，下面介绍常用的几种。

● 单击"删除"按钮：选择需要删除的文件
或文件夹，然后在"主页"选项卡中单击
"删除"按钮即可。

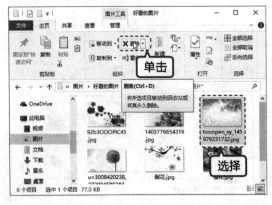

● 通过快速访问工具栏：在快速访问工具栏中
添加了"删除"按钮后，选择需要删除的文
件或文件夹，然后单击"删除"按钮即可。

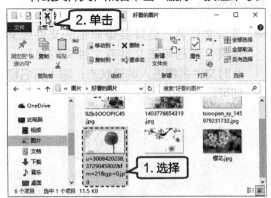

● 通过右键菜单：选择文件或文件夹后，在其上单击鼠标右键，在弹出的快捷菜单中选择"删除"命令。

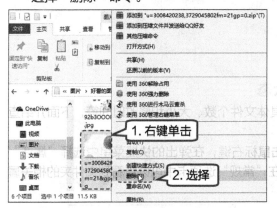

若要将文件永久性地删除，可清空回收站，也可在删除文件或文件夹时就将其永久性删除，其具体操作如下。

第1步 **选择"永久删除"选项**

选择要永久删除的文件或文件夹，在"主页"选项卡的"删除"按钮下面单击下拉按钮，在打开的列表中选择"永久删除"选项，或直接按【Shift+Delete】组合键。

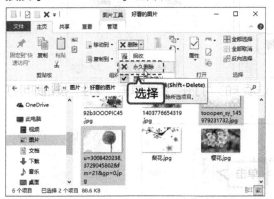

● 通过快捷键：选择需要删除的文件或文件夹后，按【Delete】键或【Ctrl+D】组合键即可删除文件。

提示

使用这里介绍的几种方法删除文件后，系统只是将文件移动到了回收站中。若要还原文件，可在快速访问工具栏中选择"回收站"选项，打开"回收站"，在其中选择需要还原的文件或文件夹，在其上单击鼠标右键，在弹出的快捷菜单中选择"还原"命令即可。

第2步 **确认删除文件**

此时将打开"删除文件"对话框，单击"是"按钮即可永久删除文件。

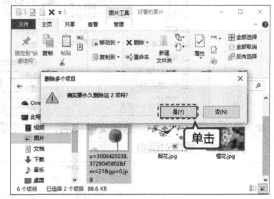

 案例——设置"薪酬管理"文件系统

本节视频教学时间／6分钟

/案例操作思路

本案例主要练习文件与文件夹的设置方法，帮助用户掌握查看和更改文件夹属性、更改文件夹图标、显示隐藏文件和设置文件夹选项等操作，以便在实际应用中提高工作效率。

/技术要点

（1）查看文件夹属性。

（2）查看文件详细信息。

（3）更改文件夹属性。

（4）更改文件夹图标。

（5）显示文件扩展名。

（6）隐藏与显示文件。

（7）设置文件夹选项。

6.3.1 查看文件夹属性以了解文件夹状态

文件夹属性对话框中显示了文件夹中包含的具体文件个数、大小和修改时间等，下面介绍查看文件夹属性的具体操作。

● 通过右键菜单：在"管理人员"文件夹上单击鼠标右键，在弹出的快捷菜单中选择"属性"命令，即可打开"管理人员 属性"对话框，在"常规"选项卡中可以查看到文件夹的相关属性信息。

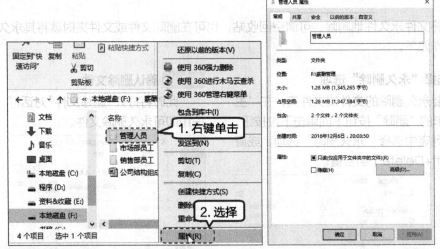

● 通过"属性"按钮：选择文件夹后，在"主页"选项卡的"打开"组中单击"属性"按钮即可打开文件夹属性对话框。

● 通过快速访问工具栏：选择文件夹后，在快速访问工具栏中单击"属性"按钮即可打开文件夹属性对话框。

● 通过快捷键：选择文件夹后，直接按【Alt+Enter】组合键，也可打开文件夹属性对话框。

6.3.2 通过"详细信息"查看文件的详细属性

相对于文件夹属性来说，文件属性比文件夹属性多出了"详细信息"这一项目，该项目中主要包含了多种个人信息。文件类型不同，其详细信息中的项目也各有不同。查看文件详细信息的具体操作如下。

第1步 单击"属性"按钮

选择"公司结构组成.docx"文件，在"快速启动工具栏"中单击"属性"按钮。

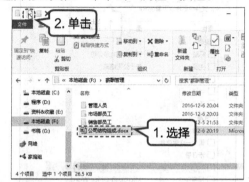

第2步 查看文件常规属性

打开"公司结构组成.docx 属性"对话框，在"常规"选项卡中可以查看到文件的大小、创建时间等信息。

第3步 查看文件的详细信息

单击"详细信息"选项卡，在其中可以查看到文件的说明、来源、内容等具体信息。

提示

用户也可以通过详细信息窗格查看文件的具体信息，其方法是选择需要查看详细信息的文件后，在"主页"选项卡的"窗格"组中单击"详细信息窗格"按钮，即可打开"详细信息窗格"。

6.3.3 根据需要更改文件的详细属性

文件的属性是可以更改的，用户可根据实际需要，对文件的详细属性进行修改。当不需要文件的详细信息时，还可将其删除。具体操作如下。

第1步 编辑详细信息

打开"公司结构组成.docx 属性"对话框的"详细信息"选项卡，在其中修改相关的属性，然后单击"确定"按钮。

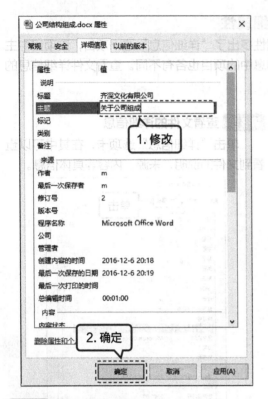

第2步 选择"删除属性"选项

选择"公司结构组成.docx"文件,在"主页"选项卡的"打开"组中单击"属性"按钮下方的下拉按钮,在打开的列表中选择"删除属性"选项。

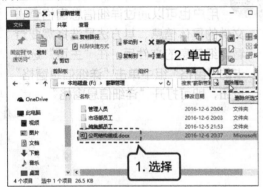

第3步 设置删除属性对话框

打开"删除属性"对话框,在其中选中"创建不包含任何可删除属性的副本"单选项,然后单击"确定"按钮。

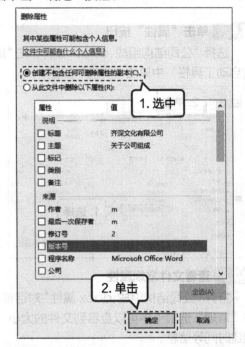

第4步 查看副本的文件属性

此时即可在原位置创建一个"公司结构组成.docx"文件的副本,在详细窗格中可查看该副本文件不包含任何属性。

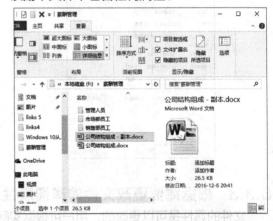

提示 在"删除属性"对话框中单击选中"从此文件中删除以下属性"单选项,然后在下方的属性列表框中选择需要删除的属性复选框,最后单击"确定"按钮,可直接将所选文件的属性信息删除。

6.3.4 更改文件夹的图标

文件夹的图标并不是固定不变的，用户可根据需要自定义喜欢的图标，便于记忆和查找。更改文件夹图标的具体操作如下。

第1步 按快捷键

选择"市场部员工"文件夹，按【Alt+Enter】组合键。

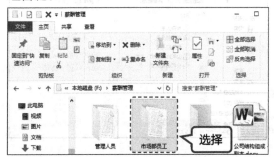

第2步 单击"更改图标"按钮

打开"市场部员工 属性"对话框，在其中单击"自定义"选项卡，在"文件夹图标"栏单击"更改图标"按钮。

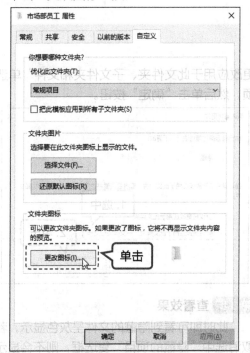

第3步 选择图标样式

打开"为文件夹'市场部员工'更改图标"对话框，在其中的图标列表框中选择需要的图标样式，单击"确定"按钮。

第4步 查看更改文件夹图标后的效果

返回文件夹窗口，在其中即可看到更改图标后的效果。

6.3.5 显示或隐藏文件的扩展名

文件扩展名也可以叫作文件后缀名，位于主文件名后面，由一个分隔符"."隔开，通过扩展名可以快速地识别文件类型。下面以隐藏文件扩展名为例进行介绍。

第1步 切换到详细视图

在窗口右下角单击"详细视图"按钮。

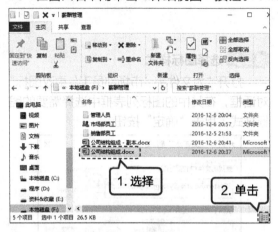

第2步 隐藏文件扩展名

单击"查看"选项卡，在"显示/隐藏"组中取消选中"文件扩展名"复选框。

6.3.6 隐藏与显示文件

为了自身安全，操作系统默认情况下会将一些关键文件设置为隐藏状态，用户也可使用该方法为重要文件设置隐藏。下面将具体介绍隐藏和显示文件的相关知识。

1. 隐藏文件

隐藏文件的具体操作如下。

第1步 单击按钮

选择"市场部员工"文件夹，单击"查看"选项卡，在"显示/隐藏"组中单击"隐藏所选项目"按钮。

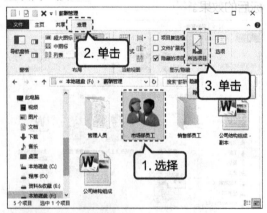

第2步 确认隐藏操作

打开"确认属性更改"对话框，选中"将

更改应用于此文件夹、子文件夹和文件"单选项，然后单击"确定"按钮。

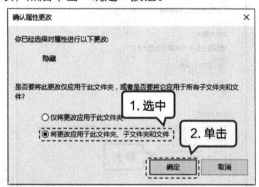

第3步 查看效果

此时即可看到隐藏的文件呈灰色显示，若取消选中"隐藏的项目"复选框，则不会显示该文件。

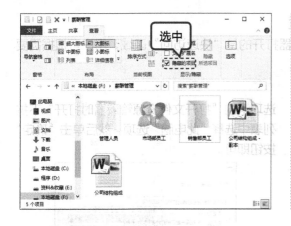

2. 取消隐藏文件

取消文件的隐藏状态的具体操作如下。

第1步 选中"隐藏的项目"复选框

若在文件窗口中没有显示隐藏的文件，可在"查看"选项卡中单击选中"隐藏的项目"复选框。

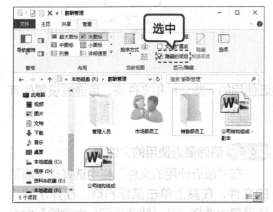

第2步 单击"隐藏所选项目"按钮

此时将显示隐藏的文件或文件夹，选中需要显示的文件夹，在"查看"选项卡中单击"隐藏所选项目"按钮即可。

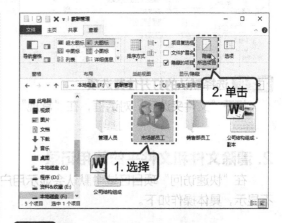

第3步 确认取消隐藏

打开"确认属性更改"对话框，在其中保持默认设置，单击"确定"按钮即可。

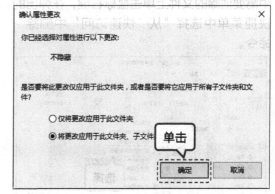

6.3.7 设置文件夹选项使其更符合工作习惯

设置文件夹的选项可以更改其出现方式和工作方式，以便能满足工作的需要。

1. 设置文件资源管理器的默认打开位置

默认情况下，Windows 10 的文件资源管理器打开的是"快速访问"区域，用户可根据需要更改默认的打开位置。

第1步 选择选项

打开文件资源管理器，在功能区单击"文件"按钮，在打开的列表中选择"更改文件夹和搜索选项"。

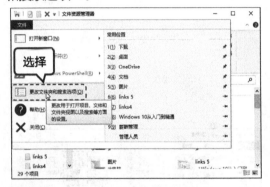

第2步 选择默认的打开位置选项

打开"文件夹选项"对话框，在"常规"

选项卡的"打开文件资源管理器时打开"下拉列表中选择"此电脑"选项，然后单击"确定"按钮即可。

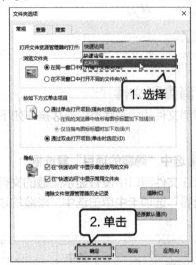

2. 清除文件和文件夹的使用记录

在"快速访问"项目区域中默认会显示用户最近使用的一些文件和文件夹，可通过设置使其不显示，具体操作如下。

第1步 清除常用的文件

在"快速访问"窗口的"常用文件夹"栏中需要清除的文件上单击鼠标右键，在弹出的快捷菜单中选择"从'快速访问'中删除"命令。

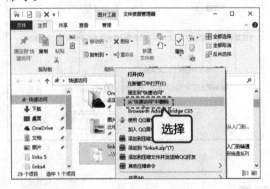

第2步 清除最近使用的文件

在"最近使用的文件"栏中选择需要清除的文件，在其上单击鼠标右键，在弹出的快捷菜单中选择"从'快速访问'中删除"命令即可。

第3步 清除所有访问记录

打开"文件夹选项"对话框，在"常规"选项卡的"隐私"栏中单击"清除"按钮，即可清除所有最近使用文件和文件夹的记录。

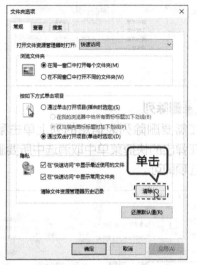

第4步 禁止显示访问记录

在"隐私"栏中取消选中所有的复选框，然后单击"确定"按钮即可禁止显示所有访问记录。

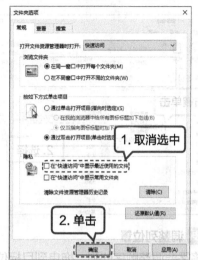

高手支招

本节视频教学时间 / 3 分钟

1. 解决文件复制冲突

当向目标位置复制文件时，若目标位置已存在相同名称的文件或文件夹，则将会发生冲突，可通过以下方法来解决。

第1步 选择选项

当目标位置已存在相同的文件或文件夹时，将打开"替换或跳过文件"对话框，在其中选择"比较两个文件的信息"选项。

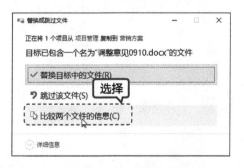

第2步 单击"继续"按钮

打开"文件冲突"对话框，在其中显示了两个文件的差别，选择要保留的文件或文件夹，单击"继续"按钮即可。

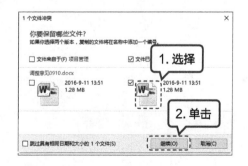

2. 自定义详细列表

在"详细信息"视图模式下，用户也可根据需要自定义详细列表中各列的宽度和顺序等，具体操作如下。

第1步 **将所有列调整为合适大小**

在列表标签上单击鼠标右键，在弹出的快捷菜单中选择"将所有列调整为合适的大小"命令。

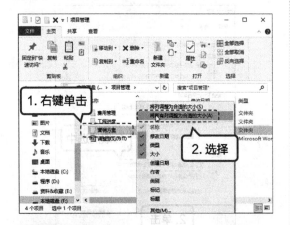

第2步 **调整列位置**

将需要调整顺序的列，拖曳到目标位置后释放鼠标即可。

第3步 **删除列**

在需要删除列表信息的列上单击鼠标右键，在弹出的快捷菜单中取消选中所要删除的列表选项即可。

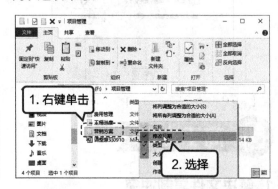

第三篇

提高篇

Chapter
07

Windows 10
的内置应用程序

本章视频教学时间 / 20 分钟

◯ 技术分析

Windows 10 提供了多种内置应用，基本上满足了用户日常电脑需求的各个方面。内置应用通过 OneDrive 备份用户的信息，实现了跨设备和平台的无缝连接，实现了信息的随时更新、随时同步。

本章将具体介绍照片、音乐、闹钟与时钟、邮件和日历等应用的相关知识。

◯ 思维导图

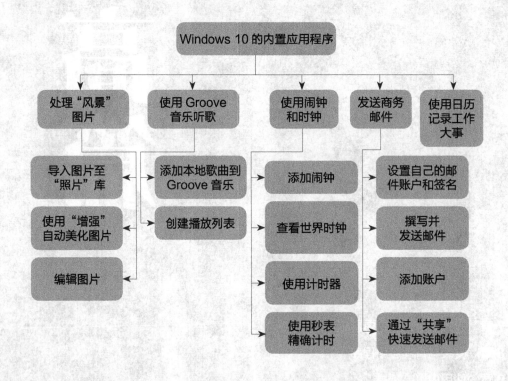

7.1 案例——使用"照片"功能处理图片

本节视频教学时间 / 4 分钟

/ 案例操作思路

本案例使用 Windows 10 内置的照片功能处理一组风景图片。
最后的效果如图所示。

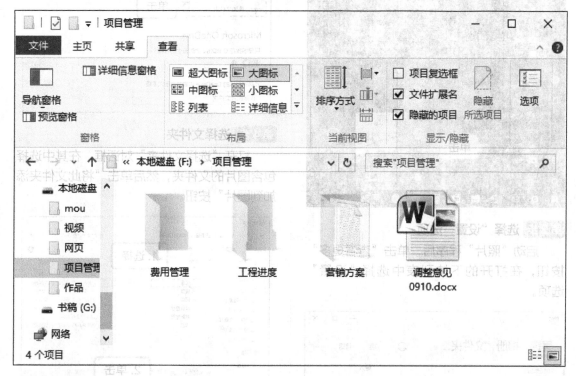

/ 技术要点

（1）向照片库导入照片。

（2）使用"增强"自动美化图片。

（3）编辑图片。

7.1.1 将图片导入到"照片"库

"照片"应用默认只显示用户"图片"文件夹下的图片，可通过导入的方式将其他图片添加到照片库中。具体操作如下。

第1步 启动"照片"

打开"开始"菜单,在中间的列表中选择"照片"命令。

第2步 选择"设置"选项

启动"照片"程序后,单击"查看更多"按钮,在打开的下拉列表中选择"设置"选项。

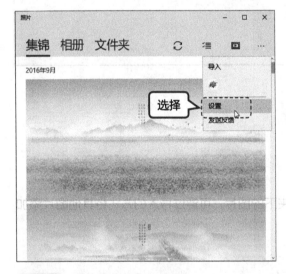

第3步 选择"添加文件夹"选项

打开"设置"窗口,在"源"栏中单击"添加文件夹"选项。

第4步 选择文件夹

打开"选择文件夹"对话框,在其中选择包含图片的文件夹,然后单击"将此文件夹添加到图片"按钮。

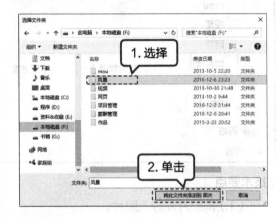

第5步 查看添加的照片源

此时,选择的文件夹将被添加到"源"列表中,若不需要将文件夹作为源,可单击"删除"按钮删除。

第6步 **查看添加的图片**

单击窗口左上角的"返回"按钮，返回"照片"窗口的"集锦"选项卡，单击"刷新"按钮，即可看到新添加的图片。

提示 若电脑中的"图片"文件夹没有放置图片，则在第一次启动"照片"程序时，在主界面将提示"在此次查看你的所有图片"，单击下方的"添加文件夹"按钮，即可添加照片源。

7.1.2 使用"增强"自动美化图片

若对照片的效果不满意，则可通过一键增强功能来美化照片，具体操作如下。

第1步 **选择图片**

在"集锦"选项卡中单击需要进行处理的图片，然后在打开的窗口中单击"增强"按钮。

提示 照片程序默认情况下已对其中的图片进行了增强效果的设置。

第2步 **查看效果**

此时即可对图片进行增强效果设置，并显示增强后的效果。

第3步 **编辑图片**

若对增强效果满意，可将其保存；若不满意，则可再次单击"增强"按钮，取消增强效果，然后单击"编辑"按钮。

按钮，效果满意后单击"保存副本"按钮，将图片保存为副本。

第4步 保存图片

进入图片编辑视图，单击右侧的"增强"

7.1.3 编辑图片

除了前面介绍的自动增强图片外，还可以对图片的构图、曝光、细节、色调等进行调整，如裁剪图片、调整色调等，其具体操作如下。

第1步 选择"裁剪和旋转"选项

在"集锦"选项卡中选择一张图片，然后单击"编辑"按钮，进入编辑状态，在右侧选择"裁剪和旋转"选项。

第2步 裁剪图片

进入图片裁剪状态，调整裁剪框大小后，单击"完成"按钮。

第3步 调整光线

在右侧单击"调整"选项卡，在"光线"栏中拖曳滑块调整图片光线。

第4步 调整颜色

在"颜色"栏中拖曳滑块调整图片色调。

第5步 调整暖度

在"暖度"栏中拖曳滑块调整图片的饱和度。

第6步 调整图片清晰度

在"清晰度"栏中拖曳滑块调整图片的清晰程度。

第7步 设置晕影

在"晕影"栏中拖曳滑块调整图片的光圈晕影。

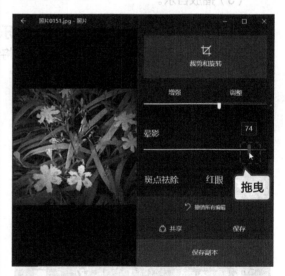

提示 若图片是人物照片，还可对人物的面部进行修复处理，如去除面部斑点、修复红眼等。

案例——使用 Groove 音乐听歌

本节视频教学时间 / 3 分钟

/ 案例操作思路

本案例使用 Windows 10 系统自带的 Groove 音乐播放器来播放一首音乐。Groove 音乐播放器可以播放多种格式的音乐文件，但只能播放本地歌曲。

播放音乐的效果如图所示。

/ 技术要点

（1）添加本地歌曲到 Groove 播放器。

（2）根据需要创建自定义的播放列表。

（3）播放音乐。

7.2.1 添加本地歌曲到 Groove 音乐

在向 Groove 音乐添加本地音乐前，需要先将要播放的音乐放在一个文件夹中，其具体操作如下。

第1步 启动 Groove 音乐程序

打开"开始"菜单，在磁贴区单击"Groove 音乐"磁贴，启动 Groove 音乐程序。

第2步 单击"开始吧"按钮

如果是第一次启动该程序，则需要在其中单击"开始吧"按钮。

第3步 单击超链接

在打开的界面中单击"选择查找音乐的位置"超链接。

第4步 单击"添加"按钮

在打开的"专辑"窗口中单击"添加"按钮。

第5步 选择文件夹

打开"选择文件夹"对话框，在其中找到存放音乐的文件夹并单击选中，然后单击"将此文件夹添加到音乐"按钮。

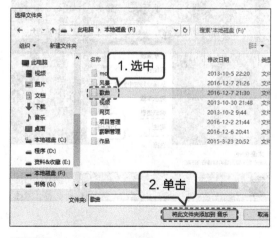

第6步 查看添加的歌曲

返回"Groove 音乐"窗口，单击"完

成"按钮，此时即可将所选的音乐文件添加到 Groove 音乐中。

第7步 选择歌手

在左侧的列表中单击"歌手"按钮，在打开的窗口中将按照歌手名字浏览歌曲，若要播放全部，可单击"全部随机播放"按钮。

第8步 播放一首歌曲

选择歌手名，在其上单击，在打开的窗口中单击"全部播放"按钮即可播放歌曲。

7.2.2 创建播放列表

用户可根据需要创建适合自己的播放列表，便于将经常听到的歌曲收录在一个列表中随时播放，其具体操作如下。

第1步 单击"新建播放列表"按钮

在窗口左侧单击"新建播放列表"按钮。

第2步 输入名称

打开"命名此播放列表"对话框，在其中输入列表名称，单击"保存"按钮。

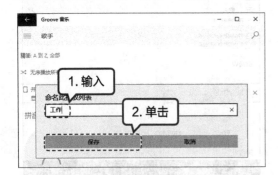

第3步 添加歌曲到播放列表

在 Groove 音乐中找到要添加到该列表的歌曲，在其上单击鼠标右键，在弹出的快捷菜单中选择"添加到"命令，在打开的子菜单中选择播放列表名称。

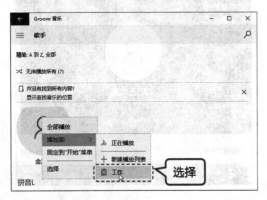

第4步 选择播放列表

在 Groove 音乐窗口左侧单击"播放列表"按钮，在打开的界面中单击创建的播放列表。

第5步 对歌曲进行操作

此时即可打开该播放列表，在其中的歌曲上单击鼠标右键，在弹出的快捷菜单中选择相关的命令可执行对应的操作。

使用闹钟和时钟

本节视频教学时间 / 5分钟

/ 案例操作思路

本案例在 Windows 10 中根据不同使用需求，设置"闹钟和时钟"应用程序，该应用程序主要包括闹钟、世界时钟、计时器和秒表四个模块，功能非常强大。

/ 技术要点

（1）添加闹钟。
（2）使用计时器规定工作完成时间。
（3）使用秒表精确计时。
（4）查看世界时钟，了解其他城市当前时间。

"闹钟和时钟"应用程序包含闹钟、世界时钟、计时器和秒表4个部件，其功能强大，操作简单，下面具体进行介绍。

7.3.1 添加闹钟

闹钟可在指定的时间提醒用户要做的事情，添加闹钟的具体操作如下。

第1步 启动"闹钟和时钟"应用

打开"开始"菜单，在中间的列表中选择"闹钟和时钟"选项，启动闹钟和时钟应用。

第2步 单击"新建"按钮

单击"闹钟"选项卡，单击右下方的"新建"按钮。

第3步 输入闹钟名称

打开"新闹钟"窗口，在时间列表中设置闹钟的时间，在"闹钟名称"文本框中输入闹钟的名称。

第4步 设置闹钟重复次数

在"重复"下拉列表中选中"星期一"复选框。

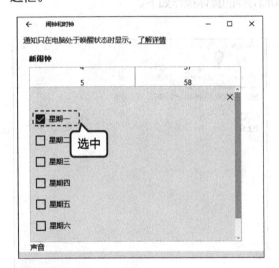

第5步 设置闹钟声音

在"声音"下拉列表中选择"木琴"选项。设置完成后单击"保存"按钮即可。

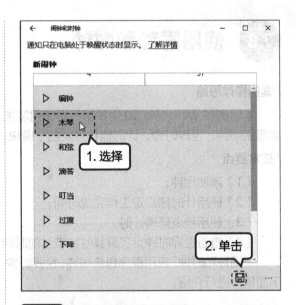

第6步 单击"选择闹钟"按钮

返回"闹钟"窗口,即可看到新建的闹钟,单击"开关"按钮即可开启或关闭闹钟,这里单击右下角的"选择闹钟"按钮。

第7步 删除闹钟

在打开的界面中选中需要删除的闹钟前面的复选框,然后单击"删除"按钮即可。

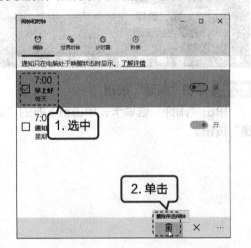

7.3.2 通过计时器规定工作完成时间

计时器就是我们常说的"倒计时"，计时器可用来精确地计算工作时间。创建计时器的具体操作如下。

第1步 新建计时器

在"闹钟和时钟"窗口单击"计时器"选项卡，在打开的界面中单击右下角的"新建"按钮。

第2步 设置计时器

打开"新计时器"窗口，在其中的列表框中选择计时器的时间，在"计时器名称"文本框中输入计时器的名称，然后单击"保存"按钮。

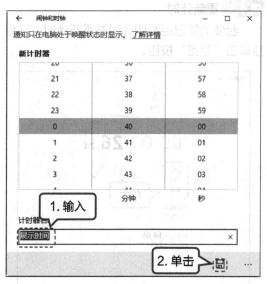

第3步 单击"开始"按钮

返回"计时器"窗口，在其中即可看到创建的计时器，单击"开始"按钮。

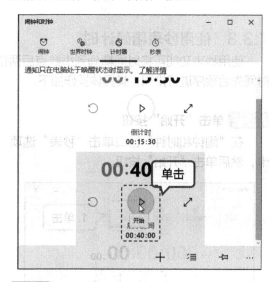

第4步 开始倒计时

此时开始倒计时，若要重新进行倒计时，可单击"重置"按钮。

第5步 完成倒计时

当计时器设置的时间倒计时完成后，将在屏幕右下角打开"计时器操作完成"信息提示框，单击"关闭"按钮即可。

7.3.3 使用秒表精确计时

使用秒表功能可将时间精确到小数点后两位数，还可提供分圈计时和分段计时功能，并按照时间先后顺序进行排列，其具体操作如下。

第1步 单击"开始"按钮

在"闹钟和时钟"窗口单击"秒表"选项卡，然后单击"开始"按钮。

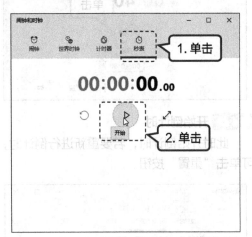

第2步 单击"分圈计时 / 分段计时"按钮

此时即可开始运行秒表计时，单击"分圈计时 / 分段计时"按钮。

第3步 暂停计时

此时将在下方显示"分圈计时，分段计时"的时间，若要暂停计时，可单击"暂停"按钮。

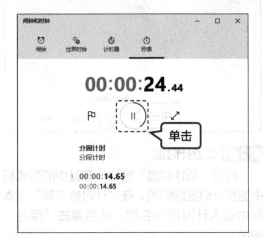

第4步 重新计时

若要清除已经有的计时并重新计时，可直接单击"重置"按钮。

提示　使用"世界时钟"可以了解其他国家和地区的时间，还可对比时差，操作简便易行，此处不再赘述。

7.4　发送电子邮件

/ 案例操作思路

本节视频教学时间 / 5 分钟

本案例利用 Windows 10 自带的"邮件"程序发送电子邮件，满足日常办公和生活中的交流需求。

邮件编辑后的效果如下图所示。

/ 技术要点

（1）设置自己的邮件账户和签名。

（2）撰写并发送邮件。

（3）添加账户方便用户快速选择。

（4）通过"共享"按钮快速发送邮件。

日常办公和生活中经常需要用到邮件，Windows 10 自带的"邮件"程序可以满足一般的电子邮件发送需求，下面具体介绍其操作方法。

7.4.1　设置邮件账户和签名

在使用邮件前，需要先设置邮件账户名称和邮件签名等，其具体操作如下。

第1步 启动"邮件"应用

打开"开始"菜单，在中间的列表中选择"邮件"选项，启动邮件应用。

第2步 单击"开始使用"按钮

启动"邮件"应用程序，在其中单击"开始使用"按钮。

第3步 选择账户

在打开的界面中选择账户，然后单击"准备就绪"按钮。

第4步 查看邮箱

登录到邮箱，在其中可查看收件箱中的邮件。

第5步 选择"管理账户"选项

在下方单击"设置"按钮，在打开的窗格中选择"管理账户"选项。

第6步 选择当前账户

打开"管理账户"窗格，在其中选择当前账户。

第7步 输入账户名称

在打开的"Outlook 账户设置"对话框的"账户名称"文本框中输入新名称，然后单击"保存"按钮。

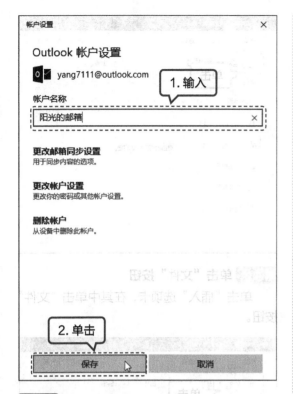

返回"设置"窗格，在其中选择"签名"选项。

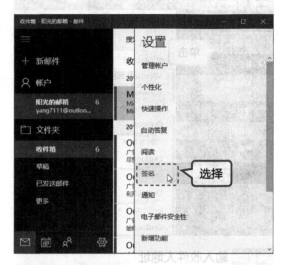

第8步 **单击"返回"按钮**

此时即可看到邮件账户的名称发生了改变，单击"返回"按钮。

第10步 **设置邮件签名**

打开"签名"窗格，在"使用电子邮件签名"开关按钮上单击，使其处于"开"状态，在其下的文本框中输入签名内容即可。

7.4.2 撰写并发送一封邮件

设置好邮箱后就可以开始撰写并发送邮件了。在撰写邮件时，可以对正文字体进行格式设置，并插入图片、表格、附件元素等，其具体操作如下。

第1步 选择"新邮件"选项

在"邮件"窗口的左侧单击"新邮件"选项。

第2步 输入收件人地址

进入邮件编辑窗口,在收件人地址文本框中输入收件人的地址。

第3步 设置文本格式

在"主题"文本框中输入主题内容,然后在下方输入邮件内容,选择内容后,单击"字体"按钮,在打开的列表中设置字体和字号。

第4步 单击"文件"按钮

单击"插入"选项卡,在其中单击"文件"按钮。

第5步 选择要插入到邮件的文件

打开"打开"对话框,在其中选择要插入到邮件的文件,然后单击"打开"按钮。

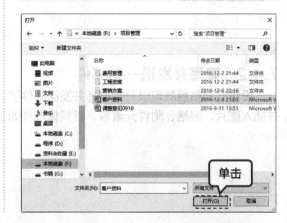

第6步 单击"发送"按钮

此时即可将选择的文件插入到邮件中，并显示在主题的下方，单击"发送"按钮。

第7步 查看已发送的邮件

将邮件发送到对方的邮箱中，选择"已发送邮件"选项，即可在右侧查看发送的邮件。

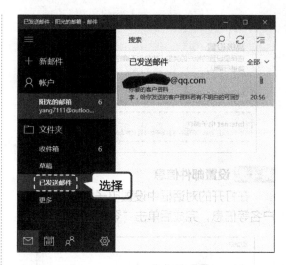

提示 由于"邮件"应用基本功能的稳定性和扩展功能都不如 Win32 版的邮件客户端软件，因此，现阶段的 Windows 10 用户若要使用稳定的邮件功能，则可选择传统邮件客户端，避免出现问题。

7.4.3 添加账户

"邮件"应用程序除了可以使用 Microsoft 账户登录外，还可以关联其他邮箱。下面以添加 QQ 邮箱为例进行介绍，其具体操作如下。

第1步 单击"添加账户"按钮

单击"设置"按钮，打开"设置"窗格，选择"管理账户"选项，在打开的界面中单击"添加账户"按钮。

第2步 选择"高级设置"选项

打开"添加账户"对话框，在其中选择"高级设置"选项。

第3步 选择"Internet 电子邮件"选项

在打开的"高级设置"对话框中选择"Internet 电子邮件"选项。

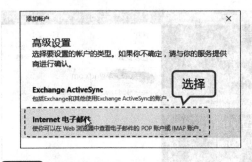

第4步 设置邮件信息

在打开的对话框中设置电子邮件地址、用户名等信息，完成后单击"登录"按钮。

第5步 完成账户添加

稍等片刻后即可完成邮件账户的添加，单击"完成"按钮即可。

第6步 切换账户进行同步

在左侧的"账户"栏中单击新添加的邮箱，在右侧单击"同步"按钮，即可同步。

7.4.4 通过"共享"按钮快速发送邮件

Windows 10 中的许多应用程序都集成了"共享"按钮，通过该按钮可快速发送电子邮件，如可以将照片、录音等作为电子邮件快速发送出去。其具体操作如下。

第1步 单击"共享"按钮

使用"照片"应用打开一张图片,单击上方的"共享"按钮。

第2步 选择"邮件"选项

此时将在桌面右侧弹出"共享"任务窗格,选择"邮件"选项。

第3步 选择具体邮件账户

打开"邮件"窗口,在其中选择要发送的邮件账户。

第4步 撰写邮件

此时即可进入邮件编辑窗口,图片已经作为附件添加到了邮件中,在其中撰写邮件的具体内容,然后单击"发送"按钮即可将其发送。

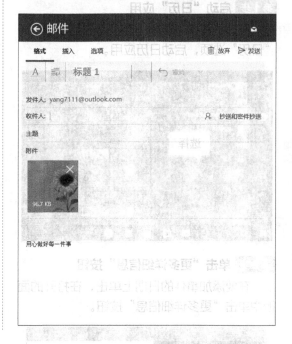

7.5 使用日历记录工作大事

/ 案例操作思路

本案例主要练习"日历"程序的使用方法。需要注意的是,在使用前需要先登录 Microsoft 账户。使用"日历"程序记录工作大事件的效果如下图所示。

本节视频教学时间 / 1 分钟

/ 技术要点

（1）启动"日历"程序。

（2）添加并保存事件。

（3）查看添加的事件。

第1步 启动"日历"应用

打开"开始"菜单，在中间的列表中选择"日历"选项，启动日历应用。

第2步 单击"更多详细信息"按钮

在要添加事件的日期上单击，在打开的面板中单击"更多详细信息"按钮。

第3步 单击"在新窗口打开事件"按钮

在"内容"文本框中输入事件内容，单击"在新窗口打开事件"按钮。

第4步 保存事件

在"事件名称"文本框中输入事件的名称，然后单击"保存并关闭"按钮。

第5步 查看添加的事件

返回"日历"窗口，在添加事件的日期上将显示标记，将鼠标指针移动到其上，会打开事件详细信息的面板，便于查看。

提示 日历可以结合到"邮件"应用和"人脉"应用中同时使用，在一定程度上方便了用户的管理工作。

高手支招

本节视频教学时间 / 2分钟

在 OneNote 中记录信息

OneNote 是一款非常实用的云笔记应用程序，使用 OneNote 可以在设备上捕捉和组织用户的一切内容。下面简单介绍其使用方法。

第1步 启动便签

在任务栏的通知区域单击"新通知"按钮，在打开的"操作中心"面板中单击"便签"按钮，启动"便签"应用程序。

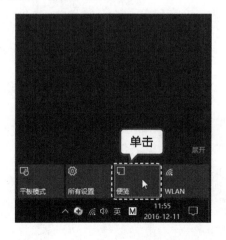

第2步 新建笔记

启动 OneNote 后即可进入该窗口，在其中单击"新建笔记"按钮。

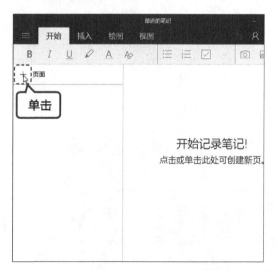

第3步 输入内容

在打开的便签中输入标题和内容即可。

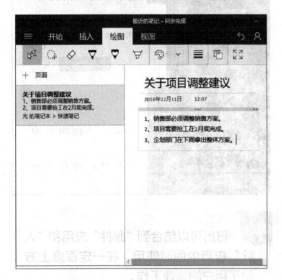

提示 需要注意的是，第一次使用 OneNote 时，需要登录账户，以便在云同步时存储数据。

提示 新建便签页面后，不能直接在其中输入文字，需要单击"绘图"选项卡，在其中单击"选择对象或文本"按钮。另外，便签中不仅可以输入文字，还可以设置字符格式，添加图片、表格、文件、超链接等内容。

Chapter

08

安装与管理
应用程序

本章视频教学时间 / 16分钟

⊃ 技术分析

电脑的强大功能是通过各种应用程序实现的。

本章将具体介绍常用应用程序的安装方法和管理操作等。

⊃ 思维导图

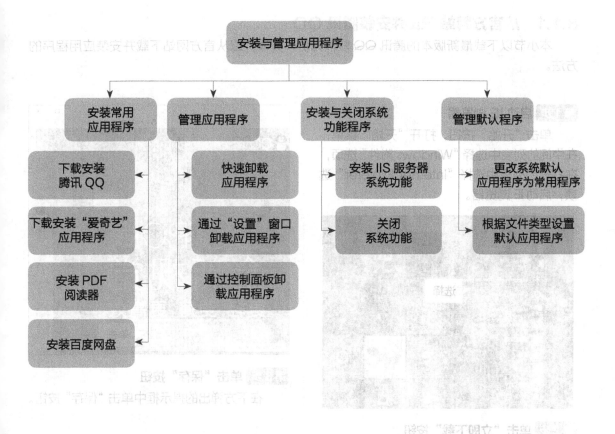

8.1 案例——安装常用的应用程序

本节视频教学时间 / 7 分钟

/ 案例操作思路

本案例主要练习在操作系统中安装应用程序。除了系统内置的应用程序外，用户还可以在电脑上安装其他程序。安装文件则可以通过多种渠道获得，如官方网站、软件下载网站或第三方软件管理程序等。

/ 技术要点

（1）从官方网站下载并安装腾讯 QQ。

（2）从软件下载网站下载并安装"爱奇艺"应用。

（3）使用第三方软件管理程序安装 PDF 阅读器。

（4）从应用商店安装百度网盘。

8.1.1 从官方网站下载并安装腾讯 QQ

本小节以下载最新版本的腾讯 QQ 软件为例，具体介绍从官方网站下载并安装应用程序的方法。

第1步 **启动 IE 浏览器**

单击"开始"按钮，打开"开始"菜单，在中间的列表中选择"Windows 附件"选项，在打开的列表中选择"Internet Explorer"选项，启动 IE 浏览器。

第2步 **单击"立即下载"按钮**

进入腾讯官网，在打开的网站中单击"立即下载"按钮。

第3步 **单击"保存"按钮**

在下方弹出的提示框中单击"保存"按钮。

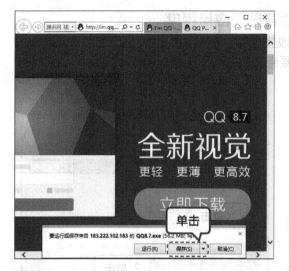

第4步 单击"打开文件夹"按钮

此时即可开始下载程序，稍等片刻后，将弹出提示框提示下载完成，单击"打开文件夹"按钮。

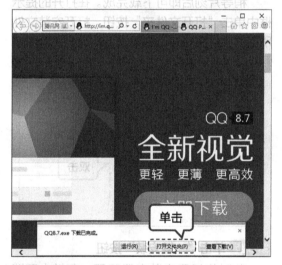

第5步 双击安装文件

打开"下载"窗口，在其中双击下载的应用程序安装文件。

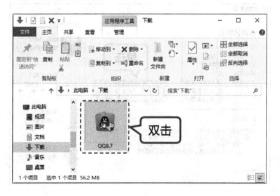

第6步 单击"立即安装"按钮

打开安装界面，在其中单击"立即安装"按钮。

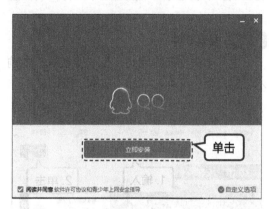

第7步 查看安装进度

此时开始安装软件，并在打开的界面中显示安装进度。

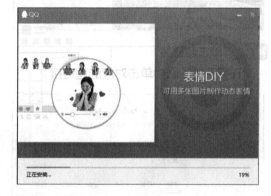

第8步 单击"完成安装"按钮

稍等片刻后，完成安装，取消选择所有的复选框，然后单击"完成安装"按钮。

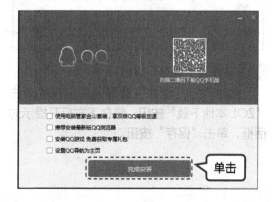

8.1.2 从软件下载网站下载并安装"爱奇艺"应用程序

互联网上的资源非常丰富，一些网站专门会收集应用程序供用户下载，如天空下载站、中关村在线、下载吧等。下面通过中关村在线下载"爱奇艺"应用程序，具体操作如下。

第1步 搜索软件

进入中关村在线网站，在"搜索框"中输入"爱奇艺"文本，单击"搜索"按钮。

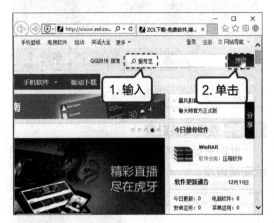

第2步 单击超链接

在打开的页面中单击对应的超链接。

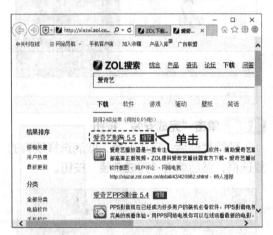

第3步 单击"保存"按钮

此时将打开软件下载界面，在其中单击"ZOL 本地下载"按钮，将在下方打开提示对话框，单击"保存"按钮。

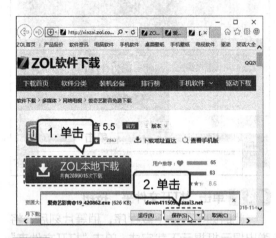

第4步 双击安装文件

稍等片刻后即可下载完成。在打开的提示框中单击"打开文件夹"按钮，打开安装文件所在的文件夹，在其中双击下载的安装文件。

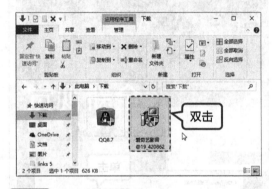

第5步 单击"一键安装"按钮

此时将打开安装向导界面，在其中取消选择所有的复选框，然后单击"一键安装"按钮。

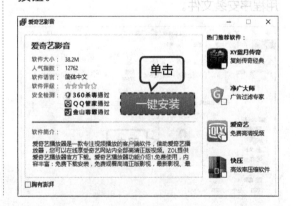

第6步 单击"立即安装"按钮

稍等片刻后将打开"爱奇艺 PPS 安装向导"对话框，在其中直接单击"立即安装"按钮。

第7步 查看安装进度

此时电脑将自动开始进行安装，并显示安装进度。

第8步 单击"关闭"按钮

安装完成后，将提示"安装完成"对话框，在其中单击"关闭"按钮即可。

8.1.3 使用第三方软件管理程序安装 PDF 阅读器

第三方软件管理程序主要提供下载、安装、升级和卸载功能，如 360 软件管家、腾讯软件管家等。下面在 360 软件管家中下载一个 PDF 阅读器，具体操作如下。

第1步 启动 360 软件管家

打开"开始"菜单，在其中单击"360 安全中心"选项，在打开的列表中选择"360 软件管家"选项，启动 360 软件管家应用程序。

第2步 查找应用程序

在打开的界面左侧单击"阅读翻译"选项卡，在右侧的"Adobe Reader PDF 阅读器"应用程序右侧单击"去插件安装"按钮。

> **提示** 右侧的"一键安装"按钮，当鼠标指针移动到其上时将自动变为"去插件安装"按钮。若要选择插件安装，可单击右侧的下拉按钮，在打开的列表中选择选项。

第3步 开始下载安装

此时开始自动下载应用程序，下载完成后将自动进行安装，并显示进度。

第4步 完成安装

稍等片刻后即可完成安装，并在列表中显示安装完成，单击"打开软件"按钮可启动应用程序。

8.1.4 从应用商店安装百度网盘

Windows 10 应用商店中提供了许多应用软件，如各种游戏和办公软件等。要使用应用商店获取软件，需要先登录 Microsoft 账户，具体操作如下。

第1步 启动"应用商店"磁贴

打开"开始"菜单，在右侧的磁贴区单击"应用商店"磁贴，启动应用商店。

第2步 选择百度网盘应用

在打开的界面中滚动鼠标滚轮，查找"百度网盘 Win 10"应用，在其上单击即可。

第3步 单击"获取"按钮

在打开的界面中单击"获取"按钮。

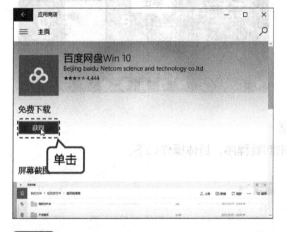

第4步 开始下载安装

此时将开始下载该应用程序，下载完成后将自动安装，并显示安装进度。

第5步 单击"启动"按钮

安装完成后将提示产品已安装，单击"启动"按钮可启动安装的应用程序。

第6步 查看安装的应用程序

此时将打开"百度网盘"的登录界面，在其中输入账户和密码，登录即可。

8.2 案例——管理应用程序

本节视频教学时间 / 3分钟

/ 案例操作思路

本案例主要练习如何管理电脑中的应用程序。当应用程序出现漏洞或无法正常工作时，通过修复一般可以解决问题。若不再使用某应用程序，则可以将其卸载，以节约资源。

/ 技术要点

（1）快速卸载不再使用的应用程序。

（2）通过"设置"窗口卸载应用程序。

（3）通过控制面板卸载应用程序。

8.2.1 快速卸载不再使用的应用程序

通过应用商店下载安装的应用程序，在 Windows 10 中可以快速卸载，具体操作如下。

第1步 选择"卸载"命令

在"开始"菜单中找到要卸载的应用程序，在其上单击鼠标右键，在弹出的快捷菜单中选择"卸载"命令。

第2步 单击"卸载"按钮

此时将打开提示框，在其中单击"卸载"按钮即可将其卸载。

8.2.2 通过"设置"窗口卸载应用程序

在 Windows 10 中，也可通过"设置"窗口来卸载程序，具体操作如下。

第1步 选择"系统"选项

按【Win+I】组合键打开"设置"窗口，在其中单击"系统"选项。

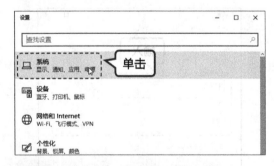

第2步 单击"应用和功能"选项

打开"系统"设置窗口，在其中单击"应用和功能"选项。

第3步 单击"卸载"按钮

在打开的界面中找到需要卸载的应用程序，在其上单击，然后在展开的面板中单击"卸载"按钮。

信息将被卸载，单击"卸载"按钮即可开始卸载，卸载完成后的应用程序将不在该窗口中显示。

第4步 确认卸载

此时弹出提示框，提示此应用及其相关的

8.2.3 通过控制面板卸载应用程序

使用"控制面板"的"程序和功能"窗口也可以卸载应用程序，具体操作如下。

第1步 选择"卸载"命令

打开"开始"菜单，在需要卸载的应用程序上单击鼠标右键，在弹出的快捷菜单中选择"卸载"命令。

第2步 单击"卸载"按钮

此时将打开"程序和功能"窗口，在右侧窗口中选择需要卸载的应用程序,然后单击"卸载"按钮。

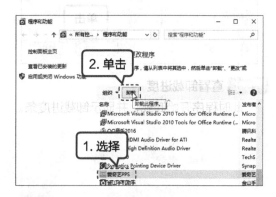

第3步 单击"继续卸载"按钮

此时将打开卸载应用程序的导航窗口，直接单击"继续卸载"按钮。

第4步 选择"卸载"单选项

在打开的界面中单击选择"卸载"单选项，然后单击"继续卸载"按钮。

第5步 单击"继续卸载"按钮

在打开的界面中直接单击"继续卸载"按钮。

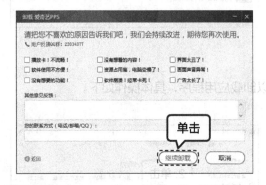

第6步 查看卸载进度

此时程序开始卸载，并显示卸载进度条。

第7步 完成卸载

稍等片刻后卸载完成，并在打开的界面中提示完成卸载，单击"完成"按钮。

提示 需要注意的是，不同应用程序的卸载步骤也不完全相同，但只需要根据卸载向导的提示操作即可完成卸载。

8.3 案例——安装与关闭系统功能程序

本节视频教学时间 / 2 分钟

/ 案例操作思路

本案例主要介绍安装与关闭系统功能程序的相关操作。Windows 10 操作系统自带了许多程序，但默认情况下并没有将所有的功能程序开启。若用户需要，可手动将某功能程序开启或关闭。

/ 技术要点

（1）安装 IIS 服务器系统功能。

（2）关闭不再使用的系统功能。

8.3.1 安装 IIS 服务器系统功能

若要使用电脑制作动态的网页，则需要用到 IIS 服务器功能。它是 Windows 10 系统中提供的功能程序，下面介绍其安装方法。

第1步 单击超链接

在"程序和功能"窗口左侧单击"启用或关闭 Windows 功能"超链接。

第2步 设置 IIS 选项

打开"Windows 功能"对话框,在其中展开"Internet Information Services"选项,在其中单击选择相关的复选框。

第3步 继续设置万维网

在下方单击"万维网服务"选项将其展开,然后在其中选择相应的复选框,完成后单击"确定"按钮。

第4步 开始安装

此时,在打开的界面中显示正在安装,并显示了安装进度。

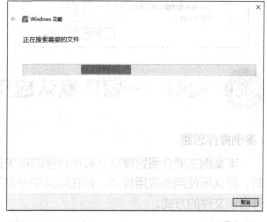

第5步 完成安装

稍等片刻后,将在打开的界面中提示安装请求已完成,单击"关闭"按钮即可。

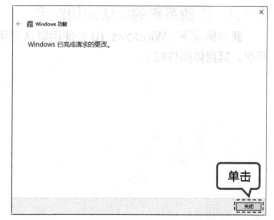

8.3.2 关闭不再使用的系统功能

当不再使用某些系统功能时，可将其关闭，具体操作如下。

第1步 取消选中复选框

打开"启用或关闭 Windows 功能"对话框，在其中取消选择需要关闭的功能程序复选框。

第2步 查看文件常规属性

此时将打开提示框，在其中直接单击"是"按钮将其关闭。

8.4 案例——管理默认应用程序

/ 案例操作思路

本案例主要介绍管理默认应用程序的相关操作。默认应用程序就是系统打开某种类型的文件时，默认所使用的应用程序。如在电脑中安装了多个音乐播放器，可只选择其中一种作为默认打开音乐文件的方式。

本节视频教学时间 / 2 分钟

/ 技术要点

（1）更改系统默认的应用程序。

（2）根据文件类型设置默认的应用程序。

8.4.1 更改系统的默认应用程序

通常情况下，Windows 10 会使用默认应用程序打开指定类型的文件，但用户可以根据需要修改，其具体操作如下。

第1步 **选择"默认应用"选项**

打开"系统"窗口，在其中选择"默认应用"选项。

第2步 **更改默认应用**

在"Groove 音乐"应用上单击，在打开的列表中选择"QQMusic"选项即可。

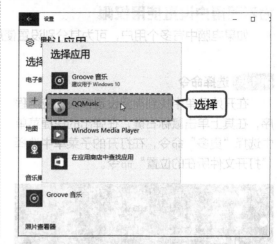

8.4.2 根据文件类型设置默认应用程序

若不想使用默认的应用程序打开特殊的文件，可手动修改其默认应用程序，具体操作如下。

第1步 **选择"选择其他应用"选项**

选择图片文件，在"主页"选项卡的"打开"组中单击"打开"按钮右侧的下拉按钮，在打开的下拉列表中选择"选择其他应用"选项。

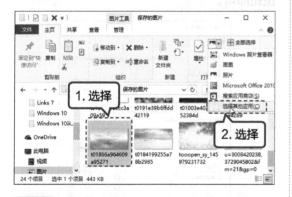

第2步 **选择应用程序**

打开"你要如何打开这个文件"对话框，在其中选择"Windows 照片查看器"选项，然后单击选择"始终使用此应用打开.jpg文件"复选框，最后单击"确定"按钮。

第3步 **查看效果**

此时即可将电脑中所有 jpg 格式的图片的默认打开程序更改为"Windows 照片查看器"，并使用该程序打开之前选择的图片。

高手支招

本节视频教学时间 / 2 分钟

为不同用户设置使用权限

如果电脑中有多个用户，可为其分别设置使用权限，具体操作如下。

第1步 选择命令

在开始菜单中找到需要设置权限的应用程序，在其上单击鼠标右键，在弹出的快捷菜单中选择"更多"命令，在打开的子菜单中选择"打开文件所在的位置"命令。

第2步 选择"属性"命令

在打开的文件窗口中找到应用程序，然后在其上单击鼠标右键，在弹出的快捷菜单中选择"属性"命令。

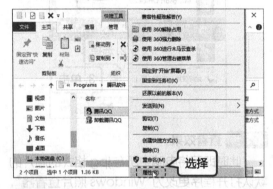

第3步 单击"编辑"按钮

打开"程序属性"对话框，在其中单击"安全"选项卡，然后单击"编辑"按钮。

第4步 设置用户权限

在打开的对话框中的列表框中单击相应的复选框来设置相关的权限，完成后单击"确定"按钮即可。

09

使用内置小工具

本章视频教学时间 / 23 分钟

⊃ 技术分析

　　Windows 10 操作系统中除了前面介绍过的内置通用应用外，还有一些内置的小工具，可以满足实际工作和生活中的应用要求。

　　本章将具体介绍 Windows 10 内置小工具的使用方法。

⊃ 思维导图

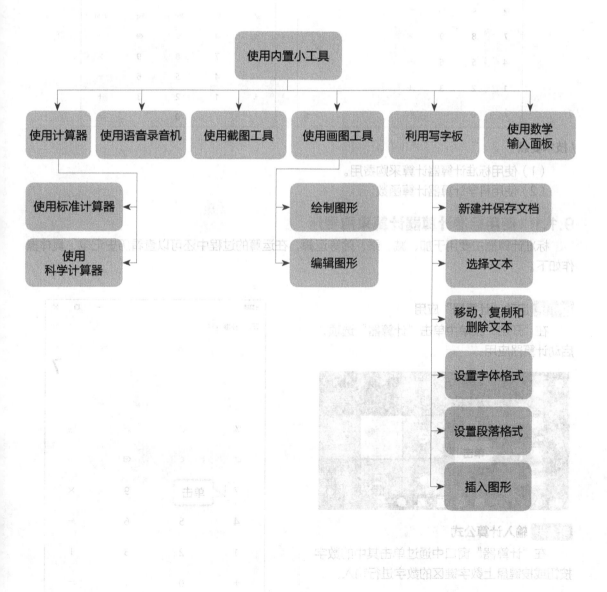

9.1 案例——使用计算器计算账目

本节视频教学时间 / 3 分钟

/ 案例操作思路

本案例通过计算采购费用，帮助读者了解计算器的使用方法。

最后的效果如图所示。

/ 技术要点

（1）使用标准计算器计算采购费用。

（2）使用科学计算器计算函数。

9.1.1 使用标准计算器计算采购费用

标准计算器主要用于加、减、乘、除等运算，在运算的过程中还可以查看历史记录，具体操作如下。

第1步 启动"计算器"应用

在"开始"菜单中单击"计算器"选项，启动计算器应用。

第2步 输入计算公式

在"计算器"窗口中通过单击其中的数字按钮或按键盘上数字键区的数字进行输入。

第3步 单击"MS"按钮

单击"等号"按钮或按【Enter】键，即可得到计算结果。单击"MS"按钮可将当前计算的结果保存到计算器中。

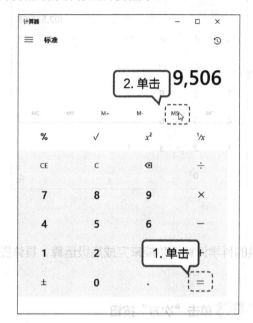

第4步 清除运算结果

单击"C"按钮，即可将当前运算的显示结果清除。

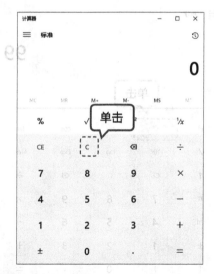

第5步 清除当前数字

单击"CE"按钮，可在运算过程中将当前的数字清除。

第6步 删除数字

单击【Backspace】键可依次清除输入的数字。

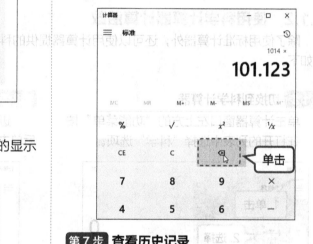

第7步 查看历史记录

单击"历史记录"按钮，即可查看计算历史。

第8步 查看存储的计算数据

　　将鼠标指针移动到窗口边缘，拖曳鼠标指针调整窗口大小，然后在其中单击"存储"按钮，即可显示存储的计算数据。

9.1.2　使用科学计算器计算函数

　　除了使用标准计算器外，还可以使用计算器提供的科学计算器功能来完成高级运算，具体操作如下。

第1步 切换到科学计算器

　　单击计算器窗口左上方的"功能菜单"按钮，在打开的列表中选择"科学"选项。

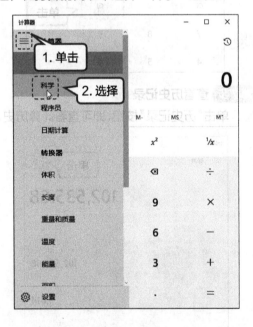

第2步 单击"次方"按钮

　　进入科学计算器后，在其中输入数字，然后单击"次方"按钮。

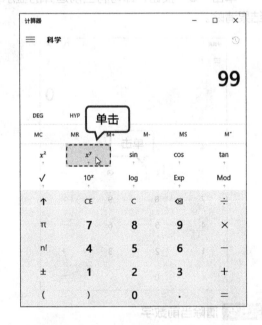

第 3 步 进行运算

此时将在运算框中显示次方运算符号，输入需要运算的次方。

第 4 步 查看结果

单击"等号"按钮或按【Enter】键即可获得计算结果。

9.2 案例——使用语音录音机记录会议纪要

本节视频教学时间 / 2 分钟

/ 案例操作思路

本案例主要练习"语音录音机"的使用方法。该应用程序可用于录制麦克风等语音输入设备中的声音，录音完成后将自动将声音文件保存到电脑中。

/ 技术要点

（1）启动"语音录音机"。
（2）开始录音。
（3）编辑录音。

第 1 步 启动"语音录音机"应用程序

在"开始"菜单中单击"语音录音机"选项，启动语音录音机应用。

第2步 **单击"录音"按钮**

在"语音录音机"窗口中，单击"录音"按钮即可开始录制声音。

第3步 **单击"添加标记"按钮**

在录制的过程中，可在重要位置处单击"添加标记"按钮，添加一个标记。

第4步 **停止录音**

若要暂停录音，则可单击"暂停"按钮。若要停止录音，则可单击"停止录音"按钮。

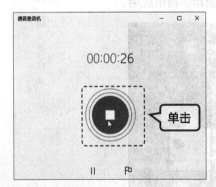

第5步 **选择"重命名"命令**

结束录音后，可在打开的窗口中看到录制

的声音，在其上单击鼠标右键，在弹出的快捷菜单中选择"重命名"命令。

第6步 **重命名录音**

在打开的提示框的文本框中输入新的名称，然后单击"重命名"按钮。

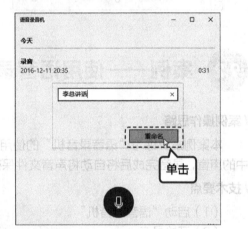

第7步 **添加标记**

单击录制的声音文件即可播放试听。若要在关键位置添加标记，可单击"添加标记"按钮。

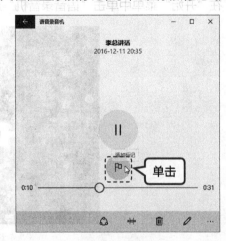

第8步 修剪录音

单击"修剪"按钮，此时在播放进度条中将显示开始标记和结束标记，拖曳鼠标指针调整标记的位置，可设置声音的开始时间和结束时间。

第9步 保存修剪后的录音

完成修剪设置后，单击"完成"按钮，在打开的列表中选择"更新原始文件"选项，即可覆盖保存到原来的位置。

第10步 选择"打开文件位置"选项

单击窗口右下角的"查看更多"按钮，在打开的列表中选择"打开文件位置"选项。

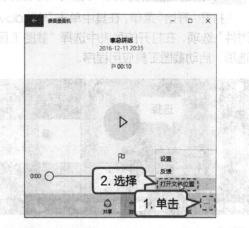

第11步 查看录音的文件

此时即可在打开的文件窗口中看到保存后的声音文件。

9.3 案例——使用截图工具截取屏幕上的图像

本节视频教学时间 / 2分钟

/ 案例操作思路

本案例主要练习如何截屏，Windows 10 内置的截图工具不但可满足用户一般的截屏需求，还可对截取的图像进行简单的编辑。

/ 技术要点

（1）启动截图工具。
（2）设置截图工具。

（3）创建截图区域。

（4）保存截图。

第1步 启动截图工具

打开"开始"菜单，在其中单击"Windows 附件"选项，在打开的列表中选择"截图工具"选项，启动截图工具应用程序。

第2步 设置延迟时间

单击"延迟"按钮右侧的下拉按钮，在打开的下拉列表中选择"2"选项。

第3步 打开"照片"应用程序

在文件中找到需要截图的图片，然后使用"照片"应用程序将其打开。

第4步 新建任务

单击"新建"按钮，在打开的下拉列表中选择"任意格式截图"选项。

第5步 准备截图

等待两秒钟之后，屏幕将变为灰色，鼠标指针变为剪刀形状。

第6步 创建截图

在屏幕上拖曳鼠标指针，绘制截图区域。

第7步 选择画笔颜色

释放鼠标，即可打开"截图工具"窗口，并在其中显示截取的图片，单击"笔"按钮右侧的下拉按钮，在打开的列表中选择"蓝笔"选项。

第8步 绘制形状

在截图工具窗口中拖曳鼠标指针绘制一个笑脸形状，然后在窗口上方单击"保存"按钮。

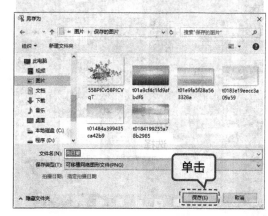

置和名称，最后单击"保存"按钮即可。

第9步 设置保存位置

在打开的"另存为"对话框中设置保存位

9.4 案例——使用画图工具绘制设计草图

/ 案例操作思路

本节视频教学时间 / 5分钟

本案例使用 Windows 10 自带的画图工具来绘制一个设计草图，并对其进行简单的编辑和修饰。

设计草图的参考效果如下图所示。

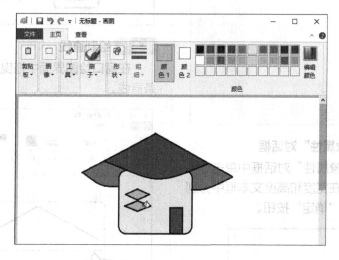

/ 技术要点

（1）绘制图形。

（2）对图形进行编辑。

9.4.1 绘制图形

使用"画图"工具绘制图形的具体操作如下。

第1步 启动"画图"应用程序

打开"开始"菜单，在中间的所有程序列表栏中选择"Windows 附件"选项，在打开的列表中选择"画图"选项。

第2步 选择"属性"命令

此时即可启动画图程序，在其中单击"文件"按钮，在打开的列表中选择"属性"命令。

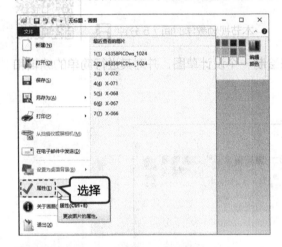

第3步 设置"映象属性"对话框

在打开的"映象属性"对话框中单击选中"厘米"单选项，在宽度和高度文本框中分别输入"20"，单击"确定"按钮。

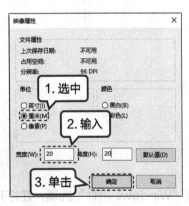

第4步 选择"直线"工具

在"形状"组中选择"直线"工具。

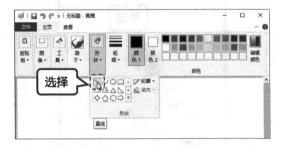

第5步 设置画笔粗细

单击"粗细"下拉按钮，在打开的列表中选择"3px"选项。

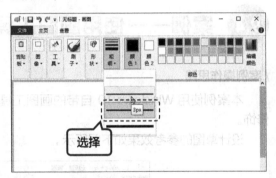

第6步 绘制直线

在窗口绘图界面中拖曳鼠标光标，绘制两条直线。

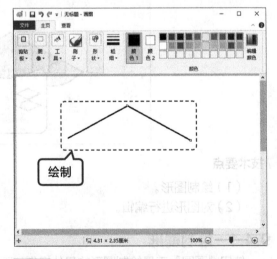

第7步 选择"圆角矩形"工具

单击"形状"下拉按钮。在打开的面板中选择"圆角矩形"工具。

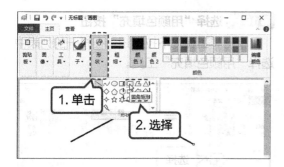

第8步 绘制圆角矩形

在直线的下方绘制一个圆角矩形形状。

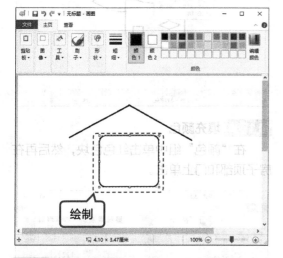

第9步 选择"矩形"工具

单击"形状"下拉按钮。在打开的面板中选择"矩形"工具。

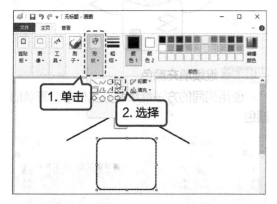

第10步 绘制矩形

在圆角矩形右下角绘制一个矩形形状。

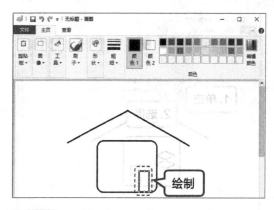

第11步 选择"菱形"工具

单击"形状"下拉按钮,在打开的面板中选择"菱形"工具。

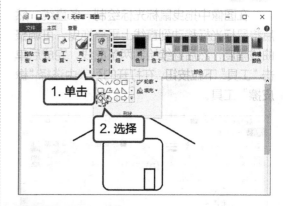

第12步 绘制菱形

在圆角矩形左上角绘制两个相同的菱形形状。

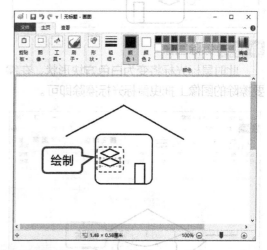

第13步 选择"曲线"工具

单击"形状"下拉按钮,在打开的面板中选择"曲线"工具。

第14步 选择"橡皮擦"工具

在图像中拖曳鼠标光标绘制一条直线，然后将鼠标光标移动到直线上垂直拖曳，可调整曲线幅度，然后继续绘制两条曲线，完成后单击"工具"下拉按钮，在打开的列表中选择"橡皮擦"工具。

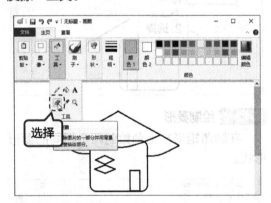

第15步 擦除图像

此时鼠标光标将变为白色方块形状，在需要擦除的图像上拖曳鼠标光标擦除即可。

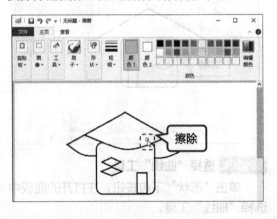

第16步 选择"用颜色填充"按钮

单击"工具"下拉按钮，在打开的列表中选择"用颜色填充"工具。

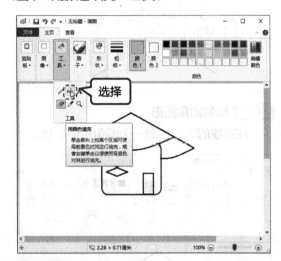

第17步 填充颜色

在"颜色"组中单击红色色块，然后再在房子顶部和门上单击。

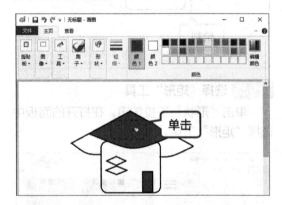

第18步 继续填充颜色

使用相同的方法继续填充其他部分形状的颜色。

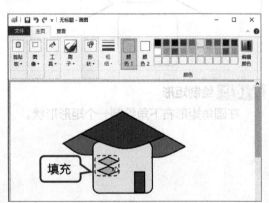

第 19 步 选择"保存"选项

单击"文件"按钮，在打开的面板中单击"保存"选项。

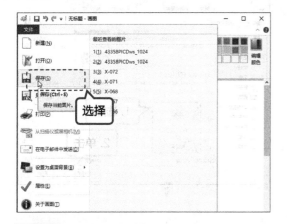

第 20 步 设置保存位置

此时将打开"保存为"对话框，在其中设置文件的保存位置和名称，完成后单击"保存"按钮。

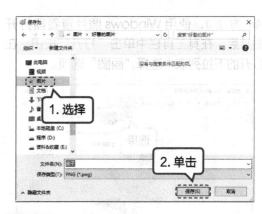

第 21 步 查看保存的图片

在文件窗口中找到保存的图片位置，双击将其打开，即可查看效果。

9.4.2 对图形进行编辑

使用"画图"工具不仅可以绘制图形，还可以对图形进行简单的编辑，具体操作如下。

1. 打开图形

使用画图程序打开图形的方法有以下 4 种。

● **方法 1**：选择要打开的图像文件，在"主页"选项卡中单击"打开"下拉按钮，在打开的列表中选择"画图"选项。

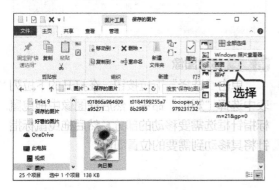

● **方法 2**：选择要打开的图像文件，在其上单击鼠标右键，在弹出的快捷菜单中选择"打开方式"命令，在打开的子菜单中选择"画图"命令。

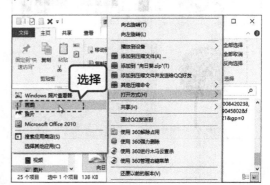

● 方法 3：使用 Windows 照片查看器打开图片后，在其工具栏中单击"打开"按钮，在打开的下拉列表中选择"画图"选项。

● 方法 4：启动"画图"程序后，单击"文件"按钮，在打开的面板中单击"打开"选项，打开"打开"对话框，在其中选择需要打开的图片，然后单击"打开"按钮。

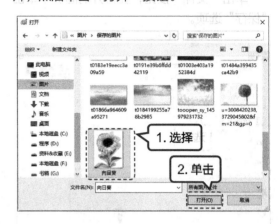

2. 裁剪、缩放和移动图形

画图程序可以对图像进行裁剪、缩放、移动等操作，具体如下。

第1步 裁剪图形

单击"选择"下拉按钮，在打开的下拉列表中选择"矩形"命令，然后在图像中拖曳鼠标指针框选需要保留的部分，然后单击"裁剪"按钮即可。

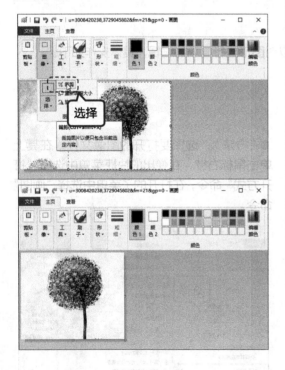

第2步 缩放图像

单击"选择"下拉按钮，在打开的下拉列表中选择"矩形"命令，然后在图像中拖曳鼠标指针框选需要放大显示的部分，然后拖曳创建的矩形选框即可缩放图像。

第3步 移动图像

单击"选择"下拉按钮，在打开的下拉列表中选择"矩形"命令，然后在图像中拖曳鼠标指针框选需要移动的部分，然后拖曳鼠标指针将其移动到需要的位置即可。

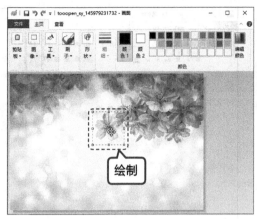

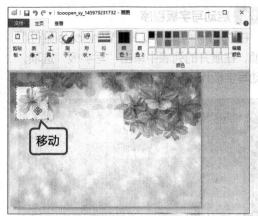

9.5 案例——利用写字板制作简单的文档

本节视频教学时间 / 6分钟

/ 案例操作思路

本案例利用写字板制作简单的文档，帮助读者了解如何利用小程序快速制作简单的文件。最后的效果如图所示。

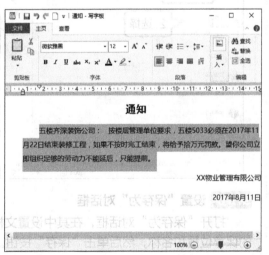

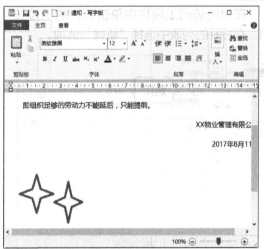

/ 技术要点

（1）新建并保存"通知"文档。

（2）编辑文档格式并进行美化。

9.5.1 新建并保存"通知"文档

写字板是 Windows 10 系统自带的文档编辑工具，使用它创建文档的具体操作如下。

第1步 启动写字板程序

在"开始"菜单中选择"Windows 附件"选项，在展开的列表中单击"写字板"选项，启动写字板程序。

第2步 选择"新建"选项

在快速访问工具栏中单击右侧的下拉按钮，在打开的列表中选择"新建"选项。

第3步 单击"新建"按钮

默认情况下，启动写字板时即可新建一个文档，若用户需要自己创建，可单击"新建"按钮。

第4步 选择"保存"选项

单击"文件"按钮，在打开的面板中选择"保存"选项。

第5步 设置"保存为"对话框

打开"保存为"对话框，在其中设置文档的保存位置和名称，然后单击"保存"按钮。

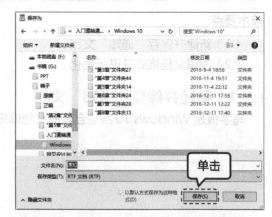

第6步 输入文本

在文档中单击定位插入点，然后输入需要的文本，按【Enter】键可换行，输入完成后按【Ctrl+S】组合键保存。

9.5.2 选择文本

写字板提供了多种选择文本的方法，下面具体介绍。

第1步 选择任意连续文本

将鼠标光标定位到需要选择的文本的最开始位置，按住鼠标左键并拖曳鼠标光标到结束位置后释放，即可选中任意连续的文本，被选中的文本呈蓝底黑字显示。

第2步 选择一行文本

将鼠标光标移动到需要选择行的左侧，当鼠标光标变为反向箭头时，单击鼠标即可选中该行文本。

第3步 选择一段文本

将鼠标光标移动到需要选择段落的左侧，当鼠标光标变为反向箭头时，双击鼠标即可选择该段。

释放鼠标即可选择全部文本。此外，也可以按【Ctrl+A】组合键实现同样的效果。

第4步 **选择全部文本**

将鼠标光标移动到文档开始位置，然后按住鼠标左键，拖曳鼠标光标到文档结束位置后

9.5.3 移动、复制和删除文本

在编辑文本的过程中，为了提高工作效率，可使用移动、复制和删除的方法来快速编辑文本内容。

第1步 **选择"剪切"命令**

在文档窗口中拖曳鼠标光标选择"的装修工程"文本，在其上单击鼠标右键，在弹出的快捷菜单中选择"剪切"命令。

第2步 **查看剪切效果**

此时选择的文本将消失，被放在了剪贴

板中。

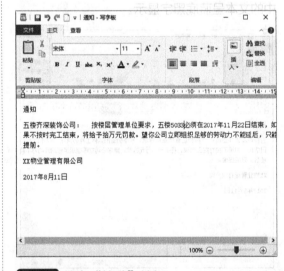

第3步 **单击"粘贴"按钮**

将鼠标光标定位到"结束"文本后，在"剪贴板"组中单击"粘贴"按钮。

第4步 查看粘贴效果

此时即可将文本粘贴在定位的插入点处。

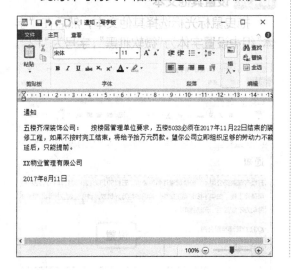

第5步 删除文本

选择"的"文本，然后按【Delete】键或【BackSpace】键将其删除。

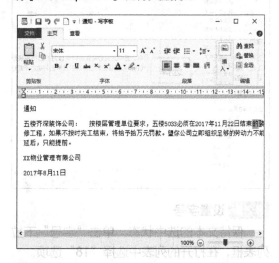

提示 复制文本的操作与移动文本相同，只是选择的命令不同而已。选择需要复制的文本后，单击鼠标右键，在弹出的快捷菜单中选择"复制"命令或按【Ctrl+C】组合键即可复制，按【Ctrl+V】组合键即可实现粘贴效果，按【Ctrl+X】组合键也可实现剪切文本的功能。另外，选择文本后，按住【Ctrl】键的同时，拖曳文本，也可实现复制文本的操作。

9.5.4　设置字体格式

在写字板中可以根据用户需要设置字体格式、字号等，具体操作如下。

第1步 设置字体

选择"通知"文本，在"主页"选项卡的"字体"组中单击"字体"下拉列表按钮，在打开的列表中选择"黑体"选项。

击"加粗"按钮加粗显示文本。

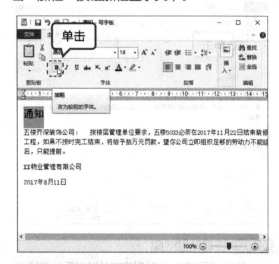

第2步 **设置字号**

保持文本的选中状态，单击"字号"下拉列表框，在打开的列表中选择"18"选项。

第4步 **设置其他文本**

拖曳鼠标光标选择其他文本，然后在"字体"组中设置字体为"微软雅黑"，字号为"12"。

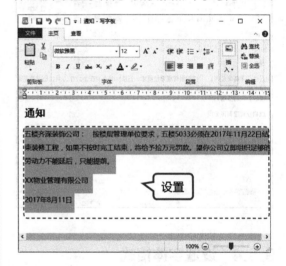

第3步 **设置加粗效果**

保持文本的选中状态，在"字体"组中单

9.5.5　设置段落格式

除了设置字体格式外，还可以对文本设置段落格式，使段落间层次更加分明。设置段落格式的具体操作如下。

第1步 **设置标题文本**

选择标题文本，在"段落"组中单击"居中对齐"按钮。

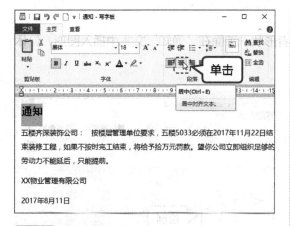

第2步 设置落款文本

选中倒数两行文本，在"段落"组中单击"右对齐"按钮使其右对齐。

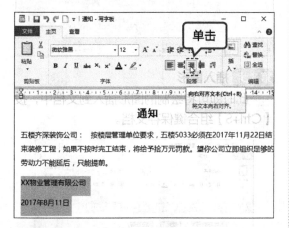

第3步 打开"段落"对话框

拖曳鼠标光标选中中间段落文本，在"段落"组中单击"段落"按钮，打开"段落"对话框。

第4步 设置"段落"对话框

在打开的对话框的"左"文本框中输入"0.75 厘米"，在"首行"文本框中输入"1厘米"，然后单击"确定"按钮。

提示 在"段落"组中可以单击"启动一个列表"按钮，为段落添加项目符号或编号。

第5步 查看缩进效果

此时在文档窗口中即可看到设置段落缩进后的效果。

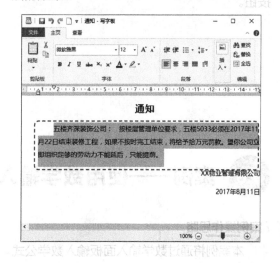

9.5.6 插入图形

利用写字板工具也可以在文档中插入图片或者形状。下面在"通知"文本中插入图形，具体操作如下。

第1步 单击"绘图"按钮

将鼠标光标插入点定位到文档最后，然后在"插入"组中单击"绘图"按钮。

第2步 绘制图形

此时将启动画图程序，在其中绘制需要插入到写字板文档中的图形，然后单击"关闭"按钮。

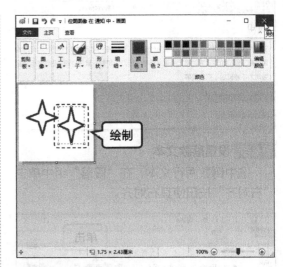

第3步 插入图形

此时即可将绘制的图形插入到文档中，按【Ctrl+S】组合键保存文档。

9.6 案例——使用数学输入面板输入数学公式

本节视频教学时间 / 2 分钟

/ 案例操作思路

本案例将通过数学输入面板输入数学公式。数学输入面板是 Windows 10 内置的专业工具，可以满足用户对数学公式的输入需求。

/ 技术要点

（1）打开"数学输入面板"工具。

（2）输入公式。

（3）查看效果。

第1步 启动"数学输入面板"工具

在开始菜单中单击"Windows 附件"选项，在打开的列表中选择"数学输入面板"选项。

第2步 打开数学输入面板界面

启动数学输入面板应用程序，并显示其界面。

第3步 输入公式

拖曳鼠标指针，在面板中手写输入公式，需要注意的是，在书写过程中必须一笔成型，否则将默认为是两个字符。若输入错误，可单击"擦除"按钮。

第4步 擦除错误字符

此时鼠标指针将变为橡皮擦形状，在错误的字符上单击即可擦除。

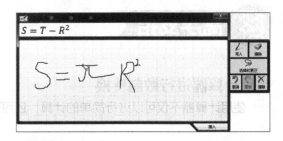

第5步 查看效果

擦除字符后，后面的字符不会自动向前移动，效果如下。

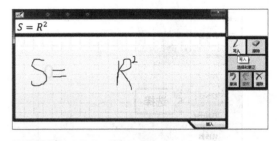

第6步 继续输入公式字符

继续在擦除字符的位置输入正确的字符，若要将公式插入到 Word 文档中，可先启动 Word 文档，然后单击"插入"按钮即可。

第7步 查看效果

此时即可在 Word 的文档窗口中看到插入的公式效果。

高手支招

本节视频教学时间 / 3分钟

使用计算器进行数制转换

使用计算器不仅可以进行简单的计算，还可以进行数制转换，具体操作如下。

第1步 选择"程序员"选项

在计算器左上角单击"功能菜单"按钮，在打开的面板中选择"程序员"选项。

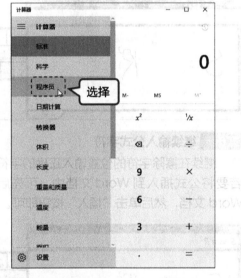

第2步 进行进制转换

此时将进入程序员计算器，其中的"HEX""DEC""OCT"和"BIN"分别代表了十六进制、十进制、八进制和二进制，在十进制下输入 25，即可得到相应的结果。

第3步 选择进制

单击"BIN"，切换到二进制下查看数据。

第四篇

网络应用篇

Chapter
10

局域网资源共享

本章视频教学时间 / 19分钟

⊃ 技术分析

　　局域网就是一个小型的网络，主要通过将两台或两台以上的电脑连接到一个工作组中，来实现资源共享的功能。

　　本章将具体介绍局域网的组建及文件资源共享的方法，包括使用不同的方式将电脑连接到互联网、组建有线局域网、组建无线局域网、管理路由器、文件资源共享，以及如何设置网络驱动器等知识。

⊃ 思维导图

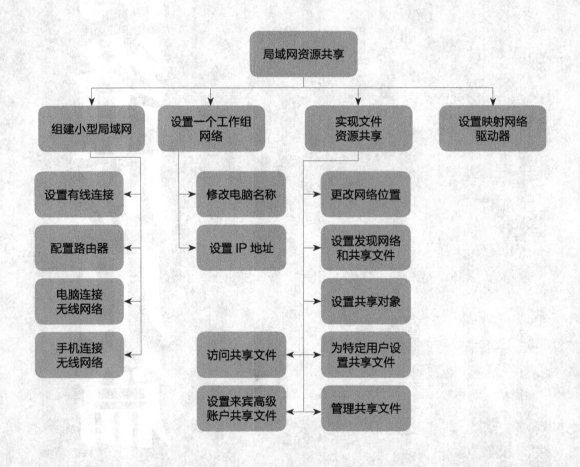

10.1 案例——组建小型的局域网环境

本节视频教学时间 / 2 分钟

/ 案例操作思路

本案例将组建一个小型的局域网环境。小型局域网通常用于公司或家庭网络，需要的硬件设备有路由器、网线、网络交换机等，这些设备可以将电脑、手机等接入互联网。

/ 技术要点

（1）设置有线连接。

（2）配置路由器。

（3）将电脑连接至无线网络。

（4）将手机连接至无线网络。

10.1.1　设置有线连接

若使用的台式电脑中没有安装无线网卡，则需要使用网线才能将其接入互联网，设置有线连接的具体操作如下。

第1步 连接 Modem

将电话线的一端插入 Modem 的 LINE 接口，将网线的一端插入 Modem 的 LAN 接口，然后连接 Modem 的电源线。

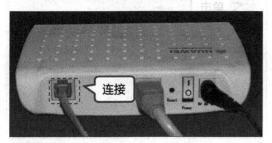

第2步 查看路由器接口

准备好宽带路由器，找到其他广域网接口和电源接口。

第3步 连接 WAN 接口

将与 Modem 连接的网线插入路由器的 WAN 接口，并接通路由器的电源。

第4步 连接 LAN 接口

将网线一端插入路由器的 LAN 接口。

第5步 **插入电脑网卡接口**

将网线的另一端插入到电脑主机上的网卡接口。

10.1.2 配置路由器

将路由器连接到宽带后，还需要在电脑中进行设置，才能实现上网。为了防止他人蹭网，还可对路由器设置密码。其具体操作如下。

第1步 **输入路由器地址**

启动浏览器，在地址栏中输入"192.168.1.1"，然后按【Enter】键确认。

第2步 **输入管理员密码**

此时将打开路由器登录窗口，在其中输入管理员密码，然后单击"确认"按钮。

第3步 **启动设置向导**

此时将打开路由器设置界面，在左侧单击"设置向导"超链接，在右侧单击"下一步"按钮。

第4步 **"设置向导—开始"对话框**

在打开的"设置向导—开始"对话框中单击"下一步"按钮。

第5步 **设置上网方式**

在打开的对话框中选择"PPPoE"选项，然后单击"下一步"按钮。

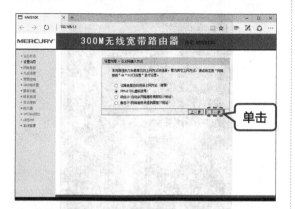

单击

第6步 **设置用户名和密码**

在打开的对话框中分别设置网络的用户名、密码和密码确认，然后单击"下一步"按钮。

单击

第7步 **完成设置**

在 SSID 文本框中设置无线路由器名称，在 PSK 密码文本框中设置无线网络的密码，然后单击"下一步"按钮。

单击

第8步 **查看网络运行状态**

在打开的对话框中单击"保存"按钮，设置完成后重启路由器即可。

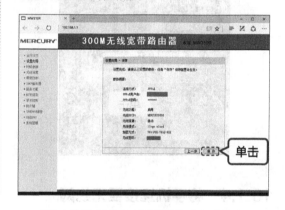

单击

10.1.3　将电脑连接至无线网络

将电脑连接至无线网络的具体操作如下。

第1步 **连接无线路由器**

使用前面介绍的方法连接好无线路由器。

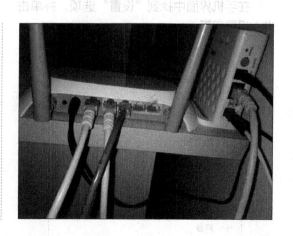

第2步 选择无线网络

单击任务栏右侧的 WLAN 图标，在打开的列表中选择需要连接的无线网络名称，然后单击"连接"按钮。

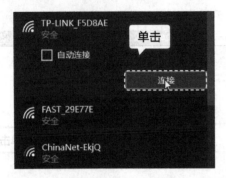

第3步 输入无线网密码

在打开的面板中输入无线网的密码，然后单击"下一步"按钮。

第4步 连接成功

稍等片刻后即可连接到无线网络，在无线网下方显示已连接字样。

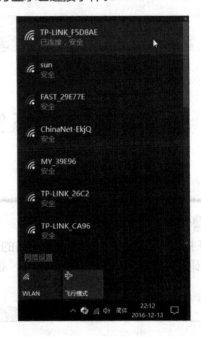

10.1.4 将手机连接至无线网

将手机连接到无线网的具体操作如下。

第1步 进入设置界面

在手机界面中找到"设置"选项，并单击进入设置界面。

第2步 开启 WLAN 网络

单击 WLAN 右侧的开关按钮，使其处于"开"状态，然后在下方选择需要连接的无线网络名称。

在打开的面板中输入无线网的密码，然后单击"连接"按钮。

稍等片刻后即可连接到无线网络，并在该网络前出现勾标记。

10.2 案例——设置一个工作组网络

本节视频教学时间 / 4分钟

/ 案例操作思路

本案例通过创建一个工作组，实现局域网内的资源共享。在 Windows 系统中，设置网络时会自动创建一个工作组，默认名称为 WORKGROUP。

/ 技术要点

（1）修改电脑名称。

（2）设置 IP 地址。

10.2.1 修改电脑名称

每台电脑在网络中的标识都是唯一的，通过电脑名称即可分辨出是哪一台电脑。下面介绍如何加入工作组，具体操作如下。

第1步 选择"属性"命令

在桌面上的"此电脑"图标上单击鼠标右键，在弹出的快捷菜单中选择"属性"命令。

第2步 单击"更改设置"

打开"系统"窗口，在"计算机名、域和工作组设置"栏中单击"更改设置"超链接。

第3步 单击"更改"按钮

打开"系统属性"对话框，在其中单击"更改"按钮。

第4步 设置电脑名称

打开"计算机名/域更改"对话框，在其中的"计算机名"文本框中输入"gf"，然后在"工作组"文本框中输入工作组的名称，单击"确定"按钮。

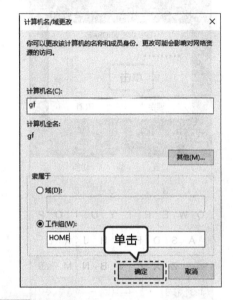

第5步 确认加入工作组

此时将打开提示对话框，提示欢迎加入工作组，单击"确定"按钮。

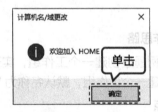

第6步 单击"确定"按钮

此时打开提示对话框，提示必须重新启动电脑才能应用设置的更改，单击"确定"按钮。

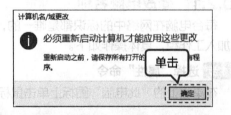

第7步 单击"立即重新启动"按钮

返回"计算机名/域更改"对话框，关闭对话框后将打开提示对话框，再次提示需要重启电脑才能使设置生效，单击"立即重新启动"按钮。

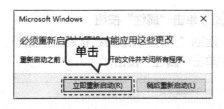

第8步 查看更改效果

重启电脑后，打开"系统"窗口，在"计算机名、域和工作组设置"栏中可看到电脑名称和工作组已经更改为设置的名称和工作组。

10.2.2 设置 IP 地址

默认情况下电脑会自动获取 IP 地址，互联网中的每台电脑的 IP 地址都是唯一的，当无法自动获取或与网络中的其他 IP 地址冲突时，就需要手动设置，具体操作如下。

第1步 选择"网络和 Internet"选项

打开"设置"窗口，在其中选择"网络和 Internet"选项。

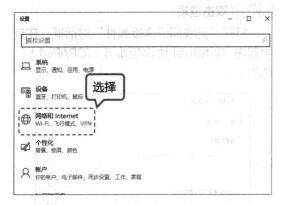

第2步 选择"以太网"

在打开的界面中选择"以太网"选项。

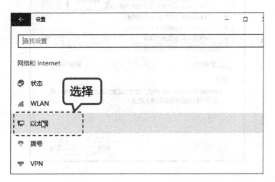

第3步 单击"更改适配器选项"超链接

在打开的"以太网"窗口中单击"更改适配器选项"超链接。

第4步 双击网络连接图标

在打开的"网络连接"窗口中双击无线网络连接图标。

第5步 单击"详细信息"按钮

打开"无线网络连接 状态"对话框，在其中单击"详细信息"按钮。

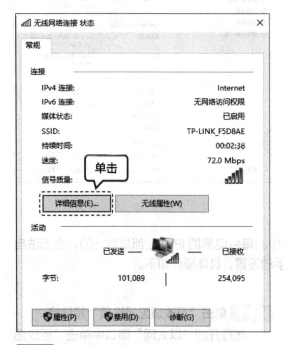

第6步 查看无线网络详细信息

打开"网络连接详细信息"对话框，在其中可查看无线网络的详细信息，单击"关闭"按钮。

第7步 单击"属性"按钮

返回"无线网络连接 状态"对话框，在其中单击"属性"按钮。

第8步 双击选项

打开"无线网络连接属性"对话框，在其中双击"Internet 协议版本 4（TCP/IPv4）"选项。

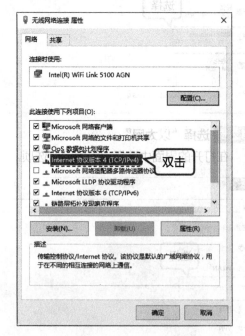

第9步 设置 IP 地址

在打开的对话框中单击选择"使用下面的 IP 地址"单选项，然后在其中设置 IP 地址、子网掩码和默认网关等参数，然后单击"确定"按钮。

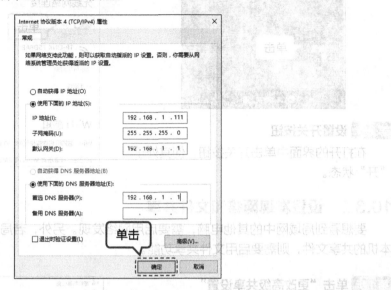

10.3 案例——实现文件资源共享

本节视频教学时间 / 10 分钟

/ 案例操作思路

本案例主要练习设置文件资源共享的方法，设置完成后，局域网中的用户即可轻松访问共享的资源。

/ 技术要点

（1）更改网络位置。
（2）设置发现网络和文件共享。
（3）设置共享对象为所有人。
（4）访问共享的文件。
（5）为特定用户设置共享文件。
（6）设置来宾高级账户共享文件。
（7）管理电脑中的共享文件

10.3.1 更改网络位置

Windows 10 操作系统中的网络分为公用网络和专用网络。要设置文件共享，需要先将网络位置设置为专用网络，具体操作如下。

第1步 单击"网络设置"超链接

在状态栏的通知区域单击"网络"图标，在打开的列表中单击"网络设置"超链接。

第2步 设置开关按钮

在打开的界面中单击开关按钮，使其处于"开"状态。

10.3.2 设置发现网络和文件共享

要想看到局域网中的其他电脑，需要启用网络发现。另外，若局域网中的其他用户需要访问本机的共享文件，则需要启用文件共享功能。

第1步 单击"更改高级共享设置"

打开"设置"窗口的以太网界面，在其中单击"更改高级共享设置"超链接。

第2步 查看网络配置文件

打开"高级共享设置"窗口，在其中可以看到当前网络为"专用"网络，单击专用网络右侧的展开按钮。

第3步 启用网络发现和文件共享

在展开的列表中单击选中"启用网络发现"和"启用文件和打印机共享"复选框。

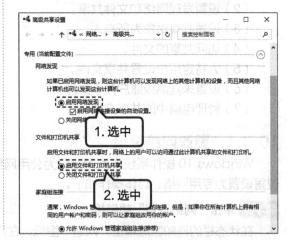

10.3.3 设置共享对象为所有人

通常在设置文件共享时，一般设置为共享给所有人，即局域网中的所有用户都可看到设置的共享资源。

第1步 选中"特定用户"选项

打开文件资源窗口，在其中选择需要设置为共享文件的文件夹，在"共享"选项卡的"共享"组中单击下拉列表框按钮，在打开的列表中选择"特定用户"选项。

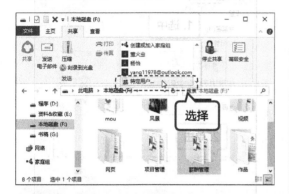

第2步 设置用户访问权限

在打开的列表框中选择"Everyone"选项，在右侧设置访问权限，完成后单击"共享"按钮。

第3步 完成设置

在打开的"文件共享"窗口中提示你的文件夹已共享，单击"完成"按钮即可。

10.3.4 访问共享的文件

下面介绍在局域网中访问用户共享文件夹的方法，具体操作如下。

第1步 选择"网络"选项

打开"文件资源管理器"窗口，在左侧的导航窗格中单击"网络"选项，然后在右侧双击需要访问的网络电脑。

第2步 查看共享文件

此时即可将该用户的共享文件打开，双击可查看其中的文件内容。

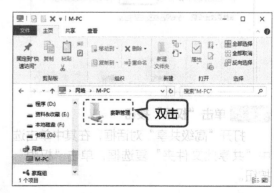

10.3.5 为特定用户设置共享文件

若不想所有人都查看到共享的文件，可为共享文件设置特定用户访问，具体操作如下。

第1步 单击"属性"按钮

在"文件资源管理"窗口中找到需要设置的共享文件后，在快速访问工具栏中单击"属性"按钮。

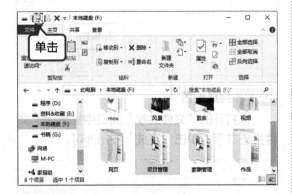

第2步 单击"高级共享"按钮

打开"项目管理 属性"对话框，在其中单击"高级共享"按钮。

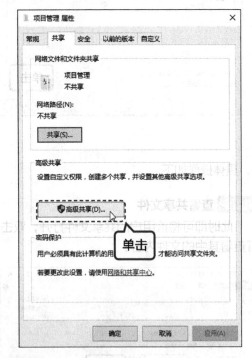

第3步 单击"权限"按钮

打开"高级共享"对话框，在其中单击选中"共享此文件夹"复选框，单击"权限"按钮。

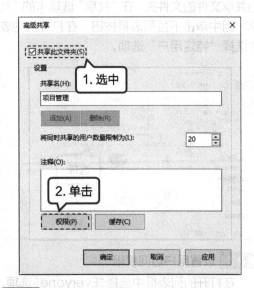

第4步 设置用户权限

在打开的对话框中选择"Everyone"选项，在下方的列表框中设置其权限，然后单击"添加"按钮。

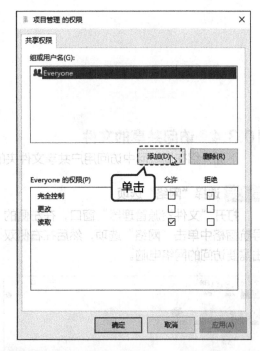

第5步 单击"高级"按钮

打开"选择用户或组"对话框，在其中单击"高级"按钮。

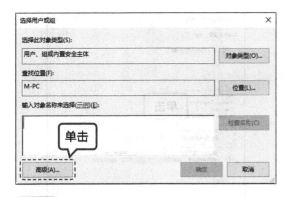

第6步 选择本地账户

在打开的对话框中单击"立即查找"按钮,然后在下方的搜索结果中双击本地账户选项。

第7步 查看添加的用户

返回"选择用户或组"对话框,在其中可以看到添加的用户,单击"确定"按钮即可。

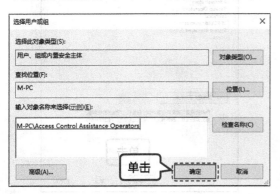

第8步 设置用户权限

返回共享权限对话框,在其中选择添加的用户,在下方的列表框中设置用户权限,然后单击"确定"按钮。

第9步 确认共享设置

返回"高级共享"对话框,单击"确定"按钮。

第10步 选择"本地安全策略"选项

在任务栏单击"搜索"按钮,在打开的面板中的文本框中输入"本地"文本,在上方的列表中选择"本地安全策略"选项。

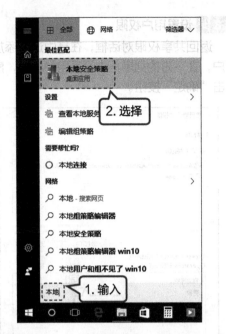

第 11 步 双击"从网络访问此计算机"

打开"本地安全策略"窗口，在左侧列表框的"本地策略"组中单击"用户权限分配"选项，在右侧的列表框中双击"从网络访问此计算机"选项。

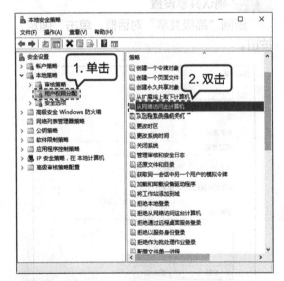

第 12 步 单击"添加用户或组"按钮

打开"从网络访问此计算机属性"对话框，在其中单击"添加用户或组"按钮。

第 13 步 添加本地用户

打开"选择用户或组"对话框，添加用户，然后单击"确定"按钮。

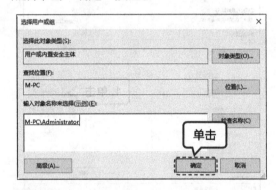

第 14 步 查看添加的账户

返回"从网络访问此计算机属性"对话框，在其中的列表框中可以查看到添加的本地账户，单击"确定"按钮即可。

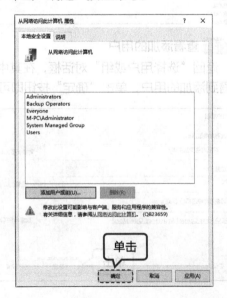

10.3.6　设置来宾高级账户共享文件

为了提高局域网内资源的共享效率，可设置将文件共享给来宾账户。这样，局域网中的用户可以不用输入密码，直接访问。

1. 设置来宾账户

默认情况下，来宾账户被设置为禁用，因此需要先启用来宾账户，具体操作如下。

第1步 选择命令

在"开始"按钮上单击鼠标右键，在弹出的快捷菜单中选择"计算机管理"命令。

第2步 双击"Guest"选项

打开"计算机管理"窗口，在左侧列表框中选择"本地用户和组"下的"用户"选项，在中间列表中双击"Guest"选项。

第3步 设置启用来宾账户

打开"Guest 属性"对话框，在其中取消选中"账户已禁用"复选框。

第4步 设置本地策略

打开"本地安全策略"窗口，在左侧列表框的"本地策略"组中单击"用户权限分配"选项，在右侧列表框中双击"拒绝从网络访问这台计算机"选项。

第5步 删除"Guest"选项

在打开的对话框中间的列表中选择

211

"Guest"选项,然后单击"删除"按钮。

第6步 确认设置

此时即可删除选择的"Guest"账户,单击"确定"按钮。

2. 设置共享文件

启用来宾账户后,就可以为来宾账户设置共享文件,具体操作如下。

第1步 选择"特定用户"选项

打开文件资源窗口,在其中选择需要设置为来宾账户共享的文件,然后在"共享"选项卡的"共享"组中单击下拉列表框按钮,在其中选择"特定用户"选项。

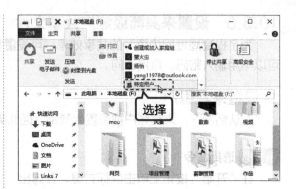

第2步 选择来宾账户

打开"文件共享"对话框,在下拉列表中选择"Guest"选项。

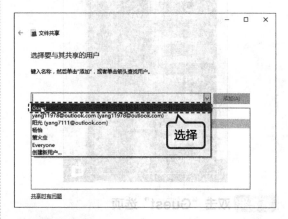

第3步 添加来宾账户

单击"添加"按钮,将其添加到下方的列表框中。

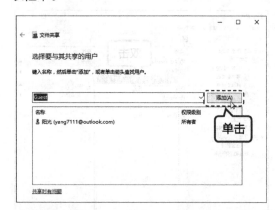

第4步 设置来宾账户权限

在中间的列表框中设置"Guest"账户的访问权限,然后单击"共享"按钮。

的文件夹已共享，单击"完成"按钮即可。

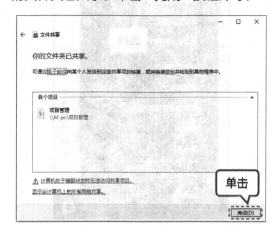

第5步 完成设置

稍等片刻后，将在打开的对话框中提示你

10.3.7 管理电脑中的共享文件

若电脑中共享了多个文件，则需要对其进行管理，才能使资源有效分类，便于利用。下面介绍如何管理电脑中的共享文件。

1. 停止文件共享

当某个资源文件不需要进行网络共享时，可设置停止文件的共享，具体操作如下。

第1步 单击"停止共享"按钮

在文件资源窗口中选择需要停止共享的文件夹，然后在"共享"选项卡中单击"停止共享"按钮。

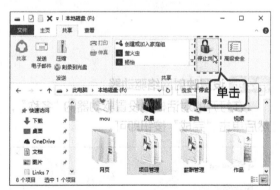

第2步 确认停止共享

打开"文件共享"对话框，在其中选择"停止共享"选项即可将选择的文件停止共享。

2. 管理共享文件

在"计算机管理"窗口中可查看电脑中的所有共享文件，并可根据需要，设置其是否停止共享，具体操作如下。

第1步 选择"计算机管理"命令

在"开始"按钮上单击鼠标右键，在弹出的快捷菜单中选择"计算机管理"命令。

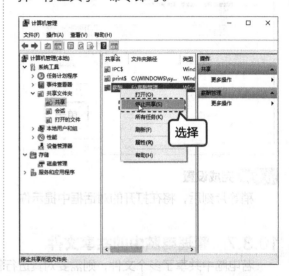

看电脑共享的所有文件，在需要停止共享的文件夹上单击鼠标右键，在弹出的快捷菜单中选择"停止共享"命令即可。

第2步 停止共享文件

打开"计算机管理"窗口，在左侧列表中的"系统工具"组中单击"共享文件夹"选项，然后单击"共享"选项，在中间列表中可以查

10.4 案例——设置映射网络驱动器

本节视频教学时间 / 2分钟

/ 案例操作思路

本案例主要联系如何设置映射网络驱动器。对于要经常使用共享文件的局域网用户来说，若每次都使用网络窗口进行查找会非常麻烦。实际上，设置映射网络驱动器后，用户可直接通过该映射磁盘连接到局域网中对应电脑的硬盘分区，从而大大提高工作效率。

/ 技术要点

（1）设置映射网络驱动器。
（2）查看设置的映射网络驱动器。

第1步 选择快捷命令

访问局域网中电脑上的共享资源，然后在共享文件上单击鼠标右键，在弹出的快捷菜单中选择"映射网络驱动器"选项。

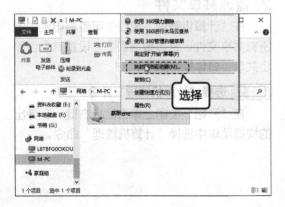

第2步 设置映射网络驱动器

在打开的对话框中设置驱动器的"名称"，然后单击"完成"按钮即可。

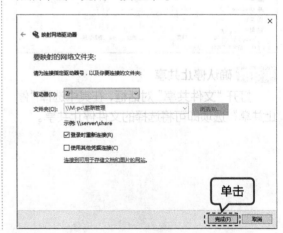

第3步 打开网络文件夹

此时将自动打开设置的共享文件夹，并在其中显示共享文件。

第4步 查看设置的映射网络驱动器

打开"此电脑"窗口，在磁盘区即可看到

添加的网络驱动器，在其上单击鼠标右键，在弹出的快捷菜单中选择"断开连接"命令，即可删除网络驱动器。

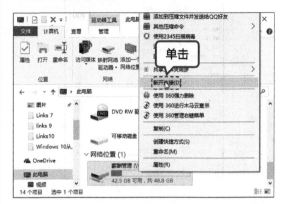

![高手支招]

本节视频教学时间 / 1分钟

1. 通过 MAC 地址克隆防蹭网

随着信息技术的发展，使用无线网络密码已无法有效保护网络安全，用户可通过设置 MAC 地址克隆来防蹭网，具体操作如下。

第1步 选择"程序员"选项

在计算器左上角单击"功能菜单"按钮，在打开的面板中选择"程序员"选项。

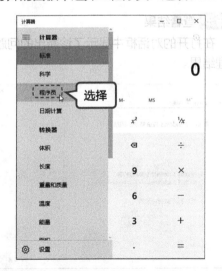

第2步 进行进制转换

此时将进入程序员计算器，在其中"HEX"

"DEC""OCT"和"BIN"分别代表了十六进制、十进制、八进制和二进制，在十进制下输入 25，即可得到相应的结果。

第3步 选择进制

单击"BIN"选择，切换到二进制下查看

数据。

2. 诊断和修复网络不通的问题

当对电脑或路由器进行了某些设置后，电脑可能会出现不能连接到网络的问题，此时可使用 Windows 10 提供的网络诊断工具来诊断和修复，具体操作如下。

第1步 单击"网络和共享中心"

在"设置"窗口中单击"以太网"窗口设置界面，在其中单击"网络和共享中心"。

第2步 单击超链接

在打开的"网络和共享中心"窗口中单击"问题疑难解答"超链接。

第3步 选择可能的问题

在打开的界面中列出了当前可能存在的问题，单击选择"Internet 连接"选项。

第4步 检查问题

此时将打开进行检查的界面，并显示检查进度，稍后在打开的界面中显示出现的问题，单击"下一步"按钮。

第5步 查看结果

在打开的对话框中显示了诊断出的问题和处理结果。

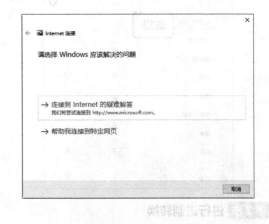

11 使用 Microsoft Edge 浏览器

本章视频教学时间 / 24 分钟

⊃ 技术分析

Microsoft Edge 浏览器是 Windows 10 操作系统的新功能之一，为网页浏览带来了全新的体验。

本章将具体介绍 Microsoft Edge 浏览器的使用方法，包括浏览网页、收藏网页、设置浏览器个性化风格和使用私人助理等知识。

⊃ 思维导图

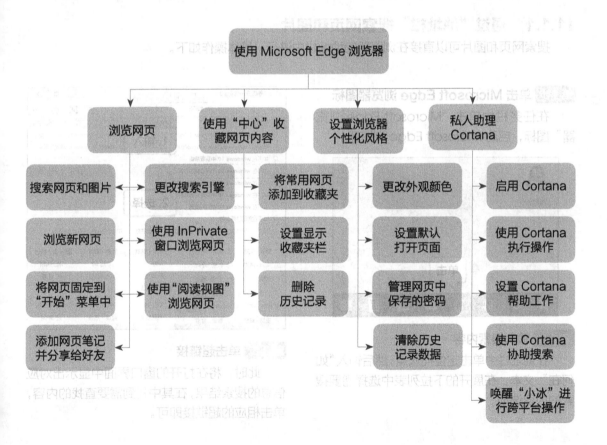

案例——浏览网页

本节视频教学时间 / 10 分钟

/ 案例操作思路

本案例主要练习 Microsoft Edge 浏览器的使用方法，该浏览器在保留 IE 浏览器优点的基础上，增加了许多新功能，如使用地址栏搜索、更改地址栏搜索引擎、使用标签页浏览网页等。

/ 技术要点

（1）通过"地址栏"搜索网页和图片。

（2）更改地址栏的搜索引擎。

（3）通过"标签页"浏览新网页。

（4）使用 InPrivate 窗口浏览网页保护个人隐私。

（5）将网页固定到"开始"菜单中。

（6）使用"阅读视图"浏览网页防止广告干扰。

（7）添加网页笔记并分享给好友。

11.1.1 通过"地址栏"搜索网页和图片

搜索网页和图片可以直接在浏览器的地址栏中进行，具体操作如下。

第1步 单击 Microsoft Edge 浏览器图标

在任务栏中单击"Microsoft Edge 浏览器"图标，启动 Microsoft Edge 浏览器。

第2步 输入搜索内容

在地址栏中单击定位插入点，然后输入"如何在"文本，在展开的下拉列表中选择需要搜索的内容选项。

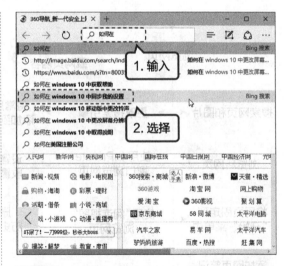

第3步 单击超链接

此时，将在打开的窗口界面中显示出对应信息的搜索结果，在其中找到需要查找的内容，单击相应的超链接即可。

第4步 搜索图片

在搜索框的下方单击"图片"选项卡，在搜索框中输入需要搜索的内容，按【Enter】键。

第5步 预览图片

此时即可在打开的界面中显示搜索结果，将鼠标指针移动到图片上，可放大预览显示图片。

第6步 查看图片

在图片上单击，在打开的界面中可查看图片的具体效果，再次单击，可打开图片的源文件。

第7步 下载图片

在图片的源文件上单击鼠标右键，在弹出的快捷菜单中选择"将图片另存为"命令。

第8步 设置保存位置

打开"另存为"对话框,在其中设置图片的保存位置和名称,然后单击"保存"按钮,即可将图片下载到本地电脑中。

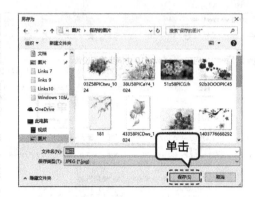

11.1.2 更改地址栏的搜索引擎

默认情况下,Microsoft Edge 浏览器的搜索引擎为 Bing 搜索引擎,用户可根据需要将其更改为其他搜索引擎,具体操作如下。

第1步 选择"设置"选项

在浏览器中单击"更多"按钮,在打开的面板中选择"设置"选项。

第2步 单击"查看高级设置"按钮

在打开的界面中单击"高级设置"栏中的"查看高级设置"按钮。

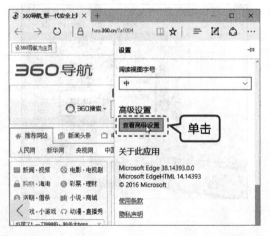

第3步 单击"更改搜索引擎"按钮

在打开的"高级设置"面板中单击"更改搜索引擎"按钮。

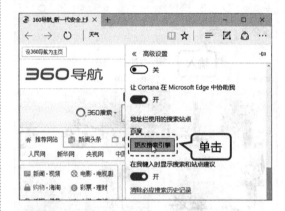

第4步 选择搜索引擎

在打开的"更改搜索引擎"面板中选择"百度"选项,单击"设为默认值"按钮。

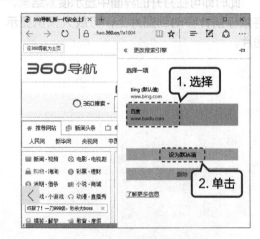

第5步 返回浏览器

设置完成后，即可看到"百度"选项后显示的"默认值"样式。

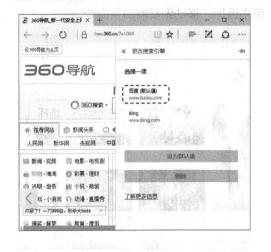

第6步 查看效果

在浏览器的地址栏中输入需要搜索的内容，在展开的下拉列表中将显示相关选项，在右侧可看到搜索引擎已变为百度搜索。

11.1.3 通过"标签页"浏览新网页

这里的"标签页"就是 IE 浏览器中的"选项卡"，在 Microsoft Edge 浏览器中可通过创建新的标签页来浏览网页，具体操作如下。

第1步 新建标签页

在浏览器的选项卡右侧单击"新建标签页"按钮即可新建一个标签页。

第2步 输入网址

在新建标签页的搜索文本框中输入需要搜索网站的网址，然后单击"前往"按钮。

第3步 选择"在新标签页打开"命令

此时即可打开输入网址的网页，这里在网页中的"电视剧"超链接上单击鼠标右键，在弹出的快捷菜单中选择"在新标签页中打开"命令。

第4步 设置在新窗口打开

此时即可看到"电视剧"超链接的网页在新的标签页中打开，在需要设置在新窗口打开的超链接上单击鼠标右键，在弹出的快捷菜单中选择"在新窗口中打开"命令。

第5步 查看打开的新窗口

此时，选择的超链接的网页将在一个新的浏览器窗口中打开。

第6步 移动网页到新窗口

返回多个标签页面的浏览器窗口，在其中的一个标签上单击鼠标右键，在弹出的快捷菜单中选择"移动到新窗口"命令。

第7步 设置新标签页的打开页面

在浏览器中打开"设置"面板，在其中的"新标签页打开方式"下拉列表中选择"热门站点"选项，即可设置在新建标签页时，会自动打开热门的网站导航。

11.1.4 使用 InPrivate 窗口浏览网页保护个人隐私

通常在浏览网页时，浏览器会记录用户的浏览历史，以此来改善用户的浏览体验，但这在一定程度上会增加泄露用户隐私的风险。使用 InPrivate 窗口来浏览网页，在关闭浏览窗口时，所有记录的数据将自动销毁，具体操作如下。

第1步 选择"新 InPrivate 窗口"选项

在浏览器窗口中单击"更多"按钮，在打开的面板中选择"新 InPrivate 窗口"选项。

第2步 输入网址

此时将打开 InPrivate 窗口，在其中的地址栏中输入需要浏览的网址，然后单击"前往"按钮。

第3步 新建标签页

此时即可在页面中打开输入的网站的网页，单击"新建标签页"按钮。

第4步 输入网址

在新建的标签页的搜索框中输入地址，单击"前往"按钮即可在 InPrivate 窗口浏览网页。

11.1.5 将网页固定到"开始"菜单中

将网页固定到"开始"菜单其实就是将网页以磁贴的形式固定到"开始"菜单中，即创建一个网页的快捷方式，并且只能使用 Microsoft Edge 浏览器打开，具体操作如下。

第1步 选择选项

打开需要固定到"开始"菜单的网页，在浏览器窗口中单击"更多"按钮，在打开的界面中选择"将此页固定到'开始'屏幕"选项。

第2步 确认固定到"开始"菜单

打开一个提示框提示是否要将此磁贴固定到"开始"屏幕，单击"是"按钮。

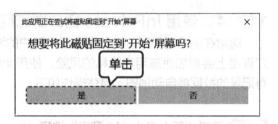

第3步 查看固定到"开始"菜单的网页

打开"开始"菜单，在右侧的磁贴区即可看到新添加的网页磁贴。

11.1.6 使用"阅读视图"浏览网页防止广告干扰

在打开网页时，经常会自动弹出许多广告窗口，影响用户阅读。此时，可使用"阅读视图"的方式来浏览网页，这种方式可以隐藏一些与文章无关的信息，具体操作如下。

第1步 单击"阅读视图"按钮

打开一个网页，在其中单击"阅读视图"按钮。

第2步 查看"阅读视图"模式

　　此时网页将进入阅读视图模式，之前页面中的一些与本网页无关的信息将被屏蔽。

第3步 选择"设置"选项

　　单击"更多"按钮，在打开的面板中选择"设置"选项。

第4步 设置阅读视图风格

　　在打开的面板中的"阅读视图风格"下拉列表中选择"中"选项。

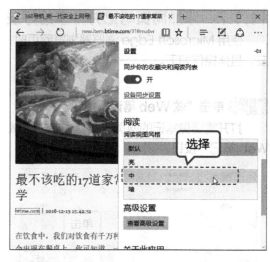

第5步 设置文本大小

　　在"文本大小"下拉列表中选择"小"选项。

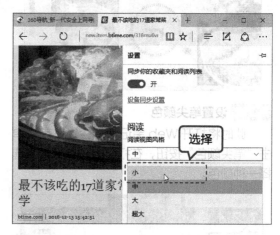

第6步 查看效果

　　返回网页，即可在页面中看到页面背景已变暗，且文字变得更小。

11.1.7 添加网页笔记并分享给好友

使用 Microsoft Edge 浏览器浏览网页时，可在线添加 Web 笔记，还可将其保存并分享给好友，具体操作如下。

第1步 单击"做 Web 笔记"按钮

打开需要做笔记的网页，在其中单击"做 Web 笔记"按钮。

第2步 设置笔尖颜色

此时将打开 Web 笔记工具栏，在其中单击"笔尖颜色"按钮，在打开的下拉列表中选择一种颜色。

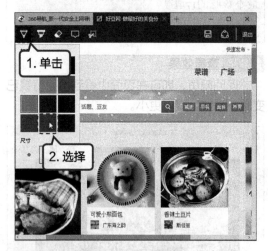

第3步 标记笔记

在网页中需要的位置拖曳鼠标指针标记笔记。

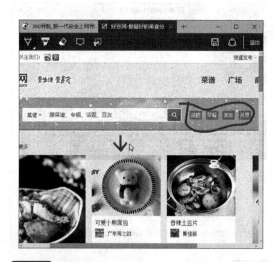

第4步 擦除笔记

若发现标记错误或标记不准确，可在工具栏中单击"橡皮擦"按钮，然后在需要擦除的笔记上单击即可擦除。

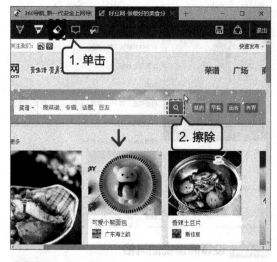

第5步 设置荧光笔

对于一些重要的内容，可设置高亮显示，在工具栏中单击"荧光笔"按钮，在打开的下拉面板中选择荧光笔的笔尖样式。

第6步 标记笔记

在页面中需要高亮显示的内容上拖曳鼠标指针绘制高亮笔记。

第7步 添加注释

在工具栏中单击"注释"按钮，在页面中需要添加注释的位置单击，即可添加一个注释框，在其中输入注释内容即可。

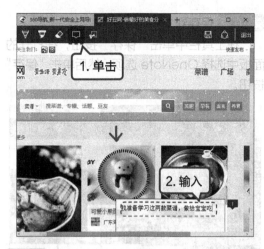

第8步 单击"截图"按钮

若在网页中发现好看的图片或文字内容，可将其截图发送给好友分享，在工具栏中单击"截图"按钮。

第9步 创建截图区域

在网页中拖曳鼠标指针创建截图区域。

第10步 保存到 OneNote

在工具栏中单击"保存"按钮,在打开的面板中选择 OneNote 选项,然后单击"保存"按钮。

第11步 保存成功

稍等片刻后,将打开提示框提示保存成功,单击"查看笔记"按钮将打开 OneNote 窗口查看保存的图片。

第12步 保存到收藏夹

在单击"保存"按钮后打开的面板中选择"收藏夹"选项,然后在"名称"文本框中输入该内容的保存名称,最后单击"保存"按钮。

第13步 分享到邮件

在创建截图后,单击工具栏中的"共享"按钮,将在桌面右侧打开"共享"面板,在其中选择"邮件"选项。

第14步 发送邮件

启动邮件应用,并在内容中显示截图内容,只需输入收件人,单击"发送"按钮即可将其分享给好友。

11.2 案例——使用"中心"收藏网页内容

本节视频教学时间 / 3分钟

/ 案例操作思路

本案例主要练习如何使用"中心"收藏网页内容。Microsoft Edge 浏览器的"中心"包括收藏夹、阅读列表、浏览历史记录和下载文件等内容。

/ 技术要点

（1）将常用的网页添加到收藏夹。

（2）设置显示收藏夹栏。

（3）删除浏览网页过程中的历史记录。

11.2.1 将常用的网页添加到收藏夹

为了方便浏览网页，避免每次打开网页都需要输入网址，可将一些常用的网页添加到收藏夹中，具体操作如下。

第1步 单击"收藏"按钮

在需要添加到收藏夹的网页中单击"收藏"按钮。

第2步 设置"收藏夹"面板

在打开的面板中的"名称"文本框中输入当前网页的名称，在"保存位置"下拉列表中选择"收藏夹栏"选项，然后单击"添加"按钮。

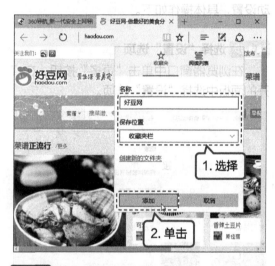

第3步 单击"中心"按钮

关闭网页后，新建一个标签页。在其中单击"中心"按钮。

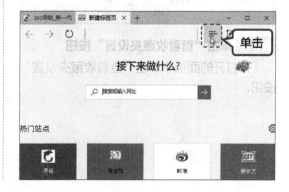

第4步 查看收藏夹

在打开的面板中默认显示了"收藏夹"选项卡,在其中可看到添加到收藏夹的网页。

11.2.2 设置显示收藏夹栏

默认情况下,Microsoft Edge 浏览器没有显示出收藏夹栏。若要显示收藏夹栏,需要用户手动设置,具体操作如下。

第1步 选择"设置"选项

在浏览器窗口中单击"更多"按钮,在打开的面板中选择"设置"选项。

第2步 单击"查看收藏夹设置"按钮

在打开的面板中单击"查看收藏夹设置"按钮。

第3步 设置显示收藏夹

在打开的面板中的"显示收藏夹栏"开关按钮上单击,使其处于"开"状态。

第4步 删除收藏夹中的网页

此时即可在地址栏下方显示收藏夹栏。在其中收藏的页面上单击鼠标右键，在弹出的快捷菜单中选择"删除"命令可将其删除。

11.2.3　删除浏览网页过程中的历史记录

浏览器会自动记录用户的浏览痕迹，下面介绍删除历史记录的具体操作。

第1步 删除过去1小时的历史记录

在浏览器的窗口中单击"中心"按钮，在打开的面板中单击"历史记录"按钮，切换到"历史记录"选项卡，在其中的"过去1小时"栏右侧单击"删除"按钮即可。

第2步 删除某一网站历史记录

若只删除某一网站的历史记录，可在该网站的某一条历史记录上单击鼠标右键，在弹出的快捷菜单中选择"删除对 XX 的所有访问"命令。

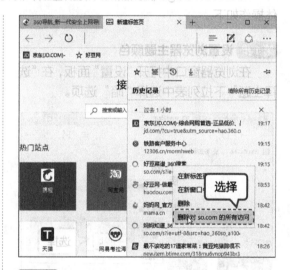

第3步 清空所有历史记录

若要将浏览器的所有历史记录删除，可直接在"历史记录"选项卡的右侧单击"清空所有历史记录"超链接。

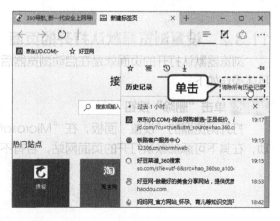

11.3 案例——为浏览器设置个性化风格

本节视频教学时间 / 3 分钟

/ 案例操作思路

本案例主要练习对浏览器进行个性化设置。Microsoft Edge 浏览器与 Windows 10 操作系统一样，可以让用户根据自己的需要，个性化地设置外观颜色、默认页面及隐私保护等。

/ 技术要点

（1）更改浏览器的外观颜色。
（2）设置浏览器默认打开的页面。
（3）管理网页中保存的密码。
（4）清除历史记录以保护隐私。

11.3.1 更改外观颜色

Microsoft Edge 浏览器的外观颜色默认情况下为"亮"主题颜色，可根据需要进行更改，具体操作如下。

第1步 设置浏览器主题颜色

在浏览器窗口中打开"设置"面板，在"选择主题"下拉列表中选择"暗"选项。

第2步 查看效果

此时，浏览器的界面将变为暗色。

11.3.2 设置浏览器默认打开的页面

浏览器默认打开的页面就是在启动浏览器后自动打开的页面网址，用户可根据需要自行设置，具体操作如下。

第1步 单击"删除"按钮

打开浏览器的"设置"面板，在"Microsoft Edge 打开方式"下拉列表中选择"特定页"选项，在其下可添加默认打开的页面网站，若有不需要的，可单击右侧的"删除"按钮将其删除。

第2步 单击"添加新页"按钮

这里单击"添加新页"按钮。

第3步 保存新的网页

此时将添加一个文本框，在其中输入网站

的网址，然后单击右侧的"保存"按钮。

第4步 查看默认打开的网页

关闭浏览器后重新启动浏览器，即可默认打开上面设置的两个网址页面。

11.3.3 管理网页中保存的密码

在浏览某些网页时，通常需要输入登录账号和密码，此时，浏览器会弹出提示信息提示是否保存密码，若单击"保存"按钮，则会将用户的账户和密码保存到浏览器中，通过"密码管理"功能可查看这些账号和密码。

第1步 单击"管理我保存的密码"

打开浏览器的"高级设置"面板，在其中单击"管理我保存的密码"超链接。

存过的网站密码，如没有进行过密码保存，因此显示为空白。

第2步 查看保存的密码

此时将在打开的面板中显示当前浏览器保

11.3.4 清除历史记录以保护隐私

若用户没有使用 InPrivate 窗口浏览网页，则可手动清除历史记录数据来保护个人隐私，具体操作如下。

第1步 单击"选择要清除的内容"按钮

打开浏览器的"设置"面板，在其中的"清除浏览数据"栏中单击"选择要清除的内容"按钮。

第2步 单击"清除"按钮

在打开的面板中单击选中需要清除的数据前的复选框，然后单击"清除"按钮即可。

11.4 案例——私人助理 Cortana

/ **案例操作思路**

本节视频教学时间 / 7 分钟

本案例主要练习使用 Windows 10 操作系统的私人助理 Cortana 。Cortana 是微软公司发布的一款个人智能语音识别助手工具，中文名叫小娜，她能够根据用户的爱好和使用习惯，帮助用户在电脑中查找资料并管理日程等，是微软人性化设计的一个强有力的体现。

/ 技术要点

（1）在电脑中启动 Cortana。
（2）使用 Cortana 执行操作。
（3）设置 Cortana 帮助工作。
（4）使用 Cortana 协助搜索。
（5）唤醒"小冰"进行跨平台操作。

11.4.1　在电脑中启用 Cortana

要使用 Cortana 助手，需要先启用它。默认情况下，Cortana 助手处于关闭状态，启用 Cortana 助手时需要先使用 Microsoft 账户登录系统，具体操作如下。

第1步 单击"搜索"按钮

使用微软账户登录系统后，在任务栏单击"搜索"按钮。

第2步 单击"下一步"按钮

此时即可打开设置界面，直接单击"下一步"按钮。

第3步 单击"下一步"按钮

在打开的界面中显示了小娜需要用户提供的一些信息，这里单击"下一步"按钮。

第4步 设置称呼

在打开的面板中的文本框中输入称呼，这

里输入"阳"文本，然后单击"下一步"按钮。

第5步 完成设置

设置完成后，小娜会默认显示一些信息，如新闻、天气等，用户也可自行设置。

11.4.2 使用 Cortana 执行操作

要正常使用 Cortana 私人助理，电脑必须配置麦克风，使用 Cortana 私人助理可以执行多种操作。下面介绍几种常用的执行操作的方法，具体如下。

第1步 单击"语音"按钮

启动小娜后，在搜索框右侧单击"语音"按钮。

第2步 输入语音

此时，搜索框和面板中将显示"正在聆听"文本，对着麦克风说出需要执行的操作。

第3步 完成输入

当语音输入完成后，即可在搜索框中将输入的语言翻译成文本，并根据文本进行相应的操作。

第4步 查看天气

继续使用相同的方法,如通过语音输入"最近的天气怎么样",稍等片刻后将在面板中显示天气的相关信息。

第5步 搜索诗词

在搜索框中通过语音输入还可搜索诗词内容,如输入"石壕吏"。

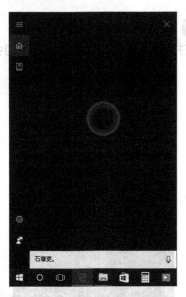

第6步 在浏览器中显示搜索结果

若搜索的内容在小娜的资源库中没有,则会打开浏览器,并显示搜索结果页面以供用户选择。

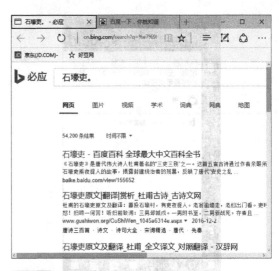

第7步 讲笑话

在搜索框中使用语音输入方式输入"讲个笑话",即可在面板中显示搜索笑话的结果,并使用语音播放。

第8步 播放音乐

在搜索框中使用语音输入方式输入"唱歌",即可在面板中显示系统默认歌曲的歌词,并播放歌曲。

第9步 播放下一曲

在搜索框中使用语音输入方式输入"上一首歌曲",将切换到当前歌曲的上一首。若电

脑中没有指定音乐播放软件,小娜则会自动查找应用,并提醒是否添加,若不添加,单击"取消"按钮即可。

11.4.3 设置 Cortana 帮助工作

对 Cortana 进行合适的设置可以使其更好地帮助用户工作。

1. 设置称呼

在第一次启用 Cortana 时需要设置一个称呼,用户也可根据需要随时更改称呼,具体操作如下。

第1步 选择"关于我"选项

启动小娜,在左侧单击"笔记本"按钮,在右侧列表框中选择"关于我"选项。

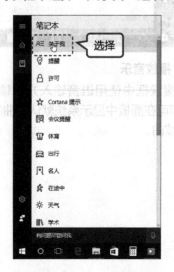

第2步 单击"更改我的名字"按钮

在打开的面板中单击"更改我的名字"按钮。

第3步 输入名称

在打开的面板中的文本框中输入新名称"阳光",然后单击"输入"按钮。

第4步 试听名称

在打开的面板中单击"试听"按钮，确认语音输出正确后单击"听起来不错"按钮。

第5步 完成设置

此时即可完成对小娜的设置，单击"完成"按钮即可。

2. 设置个性化的信息

要让 Cortana 更具有个性化特色，可在其笔记本中记录自己的兴趣和爱好等，具体操作如下。

第1步 选择"出行"选项

打开"笔记本"设置面板，在其中选择"出行"选项。

第2步 单击"自驾"按钮

在打开的界面中显示了交通路线的相关设置选项，在最下面单击"自驾"，设置出行方式。

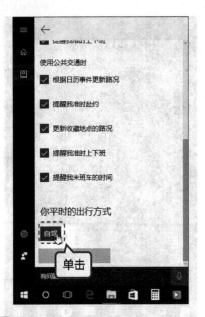

选项，然后单击"保存"按钮。

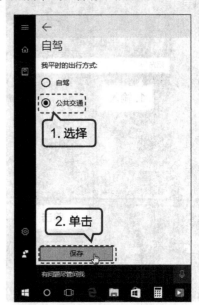

第3步 选中"公共交通"单选项

在打开的面板中单击选择"公共交通"单

11.4.4 使用 Cortana 协助搜索

Cortana 私人助理与 Microsoft Edge 浏览器能够紧密协作，实现更强大的功能，具体操作如下。

第1步 开启 Cortana 私人助理

在浏览器中打开"高级设置"面板，在其中单击"让 Cortana 在 Microsoft Edge 中协助我"开关按钮，使其处于开状态。

第2步 使用 Cortana

在网页中选中需要使用Cortana的内容，

在其上单击鼠标右键，在弹出的快捷菜单中选择"访问 Cortana"命令即可。

第3步 查看解释

此时将在浏览器右侧打开一个面板，在其中显示了 Cortana 搜索到的一些内容。

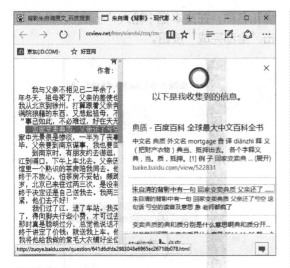

固定在浏览器中。

第4步 固定面板

单击右上角的"固定"按钮，即可将面板

11.4.5 唤醒"小冰"进行跨平台操作

"微软小冰"可以跨平台帮助用户完成工作，并不断进行自我完善。使用 Cortana 召唤小冰的具体操作如下。

第1步 输入命令

启动 Cortana，在搜索框中单击"语音输入"按钮，然后语音输入"召唤小冰"。

第2步 和小冰聊天

在打开的面板中可以与小冰聊天，在文本框中输入聊天内容，然后按【Enter】键即可，

单击上方的"未绑定"超链接。

第3步 绑定手机

在打开的面板中的文本框中根据提示输入绑定小冰的手机号码和验证码，然后单击"下一步"按钮。

像和名称，在文本框中输入"小阳"文本，单击"全部完成"按钮。

第4步 短信验证

此时将打开短信验证提示框，在其中输入短信验证码，单击"完成"按钮。

第6步 完成设置

打开"小阳"面板，在其中可继续查看小冰当前的基本信息，还可单击相关超链接进行更加详细的设置。

第5步 设置小冰姓名

此时将在打开的面板中提示设置小冰的头

高手支招

本节视频教学时间 / 1分钟

1. 在 Microsoft Edge 浏览器中导入 IE 收藏夹

以前的用户经常将常用的网址收藏到 IE 浏览器的收藏夹中，在 Microsoft Edge 浏览器中可以直接导入 IE 的收藏夹，具体操作如下。

第1步 单击"设置"超链接

在浏览器窗口中打开"中心"面板的"收藏夹"选项卡，在右侧单击"设置"超链接。

第2步 单击"导入"按钮

在打开的面板的"导入收藏夹"栏下单击选中"Internet Explorer"复选框，然后单击"导入"按钮。

第3步 完成导入

此时将对电脑中 IE 浏览器的收藏夹进行导入，导入完成后将在下方提示全部完成。

2. 分享喜欢的网页

在浏览过程中发现感兴趣的网页，可以将其分享好友，具体操作如下。

第1步 单击"共享"按钮

在浏览器打开网页后，单击右侧的"共享"按钮。

第2步 选择邮件应用

此时将在桌面右侧打开"共享"面板，在其中选择"邮件"选项。

第3步 发送邮件

在打开的"邮件"应用中可以看到已将当

前网页作为邮件内容，用户在其中输入收件人
账户，然后发送邮件即可与其共享当前网页。

Chapter 12 网络沟通与交流

本章视频教学时间 / 22分钟

⊃ 技术分析

在互联网高度发展的今天，通过网络进行沟通已经是日常生活和工作的重要交流方式。

本章将具体介绍网络沟通与交流的相关工具，包括使用 QQ 进行网络交流和使用邮箱发送邮件等。

⊃ 思维导图

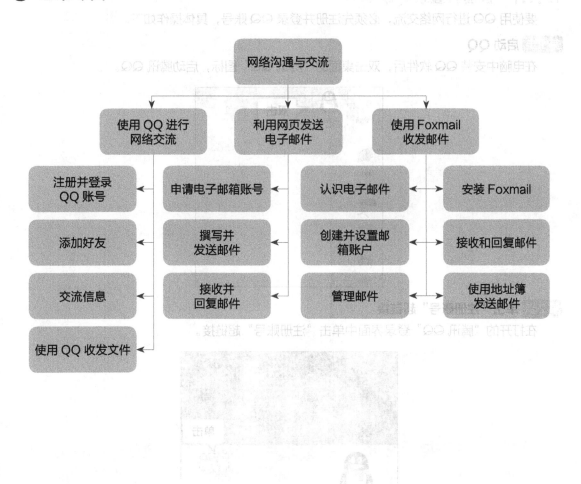

12.1 案例——使用 QQ 进行网络交流

本节视频教学时间 / 7分钟

/ 案例操作思路

本案例主要练习使用 QQ 聊天工具进行网络交流。QQ 是腾讯公司开发的一款基于 Internet 的即时通信软件,支持在线聊天、视频聊天、语音聊天、点对点断点续传文件、共享文件、网络硬盘、自定义面板、QQ 邮箱等多种功能。

/ 技术要点

（1）注册并登录 QQ 账号。

（2）添加好友。

（3）交流信息。

（4）使用 QQ 收发文件。

12.1.1 注册并登录 QQ 账号

要使用 QQ 进行网络交流,必须先注册并登录 QQ 账号,具体操作如下。

第1步 启动 QQ

在电脑中安装 QQ 软件后,双击桌面的"腾讯 QQ"图标,启动腾讯 QQ。

第2步 单击"注册账号"超链接

在打开的"腾讯 QQ"登录界面中单击"注册账号"超链接。

第3步 输入注册信息

打开"注册账号"网页,在其中对应的文本框中输入昵称、密码、确认密码、性别、生日、所在地、手机号码以及在短信上获取的验证码，然后单击"立即注册"按钮。

第4步 单击"立即登录"按钮

稍等片刻后，将在打开的页面中提示账号申请成功，并显示 QQ 账号，用户需要记住该账号和上一步设置的密码。

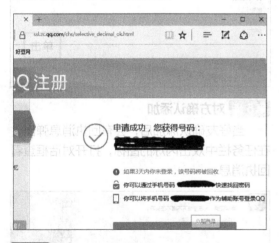

第5步 单击"是"按钮

若电脑中已经安装了腾讯 QQ 应用，则会打开提示对话框，提示用户是否要切换应用，单击"是"按钮。

12.1.2 添加好友

拥有属于自己的 QQ 号码后，就可以登录并添加聊天好友了，具体操作如下。

第1步 单击"查找"按钮

在"QQ 面板"的下方单击"查找"按钮。

第6步 输入账号和密码

在打开的"腾讯 QQ"登录面板中分别输入账号和密码，然后单击"登录"按钮。

第7步 登录成功

稍等片刻后，将打开 QQ 面板，并在其中显示了 QQ 列表。

第2步 输入管理员密码

打开"查找"对话框，在其中的文本框中输入好友的账号，单击"查找"按钮，然后在下方的列表中显示出搜索的账户，在需要添加好友的头像右侧单击"+好友"按钮。

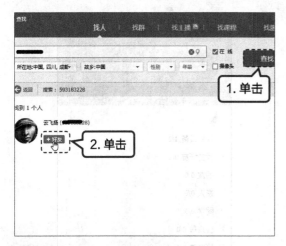

第3步 设置备注姓名和分组

此时将打开"添加好友"对话框，在其中的"备注姓名"文本框中输入名称，在"分组"下拉列表中设置分组，单击"下一步"按钮。

第4步 成功添加好友

稍后将在面板中提示成功添加好友，单击"完成"按钮即可。

第5步 对方确认添加

当好友确认添加后，会有回执消息弹出，在任务栏中双击闪烁的图标，打开对话框查看回执消息。

第6步 **查看添加的好友**

当好友同意添加请求后，即可出现在第 3 步设置的分组列表中。

12.1.3 交流信息

添加了 QQ 好友后，就可以通过 QQ 与好友聊天。聊天功能是 QQ 软件中使用最频繁的功能。在聊天时，可设置文字格式或添加 QQ 表情等，具体操作如下。

第1步 **输入信息内容**

打开聊天窗口，在下方的文本框中单击定位插入点，然后输入文本信息。

第2步 **发送信息**

输入完成后单击"发送"按钮，或按【Ctrl+Enter】组合键，即可将信息发送给对方，并

显示在上方的聊天列表中。

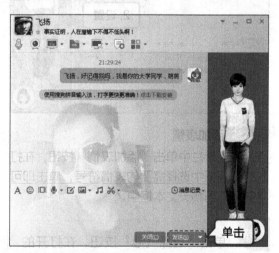

第3步 **查看回复消息**

当对方查看到你发送的消息，并进行回复后，QQ 会有提示声音响起，并在聊天列表中显示对方回复的消息。

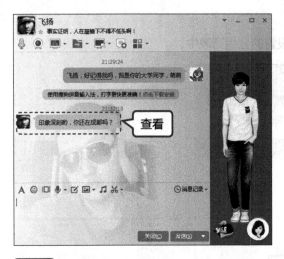

第4步 设置聊天文本格式

在聊天窗口下方的文本框中输入聊天信息后，单击工具栏上的"字符格式"按钮，在打开的列表最后可设置聊天模式、字体、字号等。

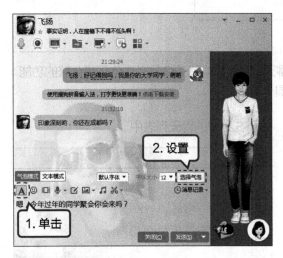

第5步 添加表情

在工具栏中单击"添加表情"按钮，在打开的列表框中选择需要的表情符号，单击即可将其插入到聊天文本框中。

提示 单击"选择气泡"按钮，在打开的对话框中可选择气泡的样式。不过并不是所有的气泡样式都免费，有的需要付费才能使用。

第6步 发送消息

单击"发送"按钮即可将消息发送给对方。

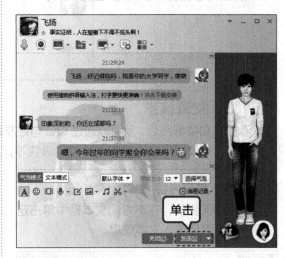

第7步 单击"视频"按钮

在聊天窗口中单击"发起视频"按钮。

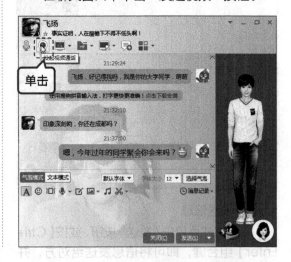

第8步 等待接听

　　将打开一个小窗口，在其中提示正在呼叫对方视频通话，此时若单击"挂断"按钮，则可取消视频请求。

第9步 视频通话

　　稍等片刻，当对方接听视频通话后，将在该窗口中显示视频，此时即可开始进行视频通话。

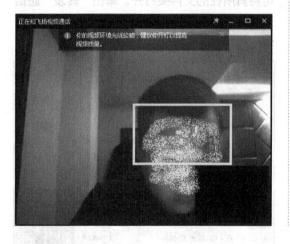

12.1.4　使用 QQ 收发文件

　　QQ 除了可以聊天外，还可以收发小文件，具体操作如下。

第1步 选择"发送文件\文件夹"选项

　　在聊天窗口上方单击"发送文件"按钮，在打开的下拉列表中选择"发送文件\文件夹"选项。

第10步 结束视频通话

　　当不需要进行视频通话时，将鼠标指针移动到小窗口上，此时将弹出工具栏，在其中单击"挂断"按钮即可。结束视频通话后，将在聊天窗口的聊天界面中显示视频通话结束，并显示视频通话时间。

提示　若在聊天窗口上方单击"语音通话"按钮，则可向对方发起语音通话请求。其操作方法与发起视频请求类似，区别在于语音通话只能听到对方的声音，不能看到对方的画面。

第2步 选择文件

此时将打开"选择文件\文件夹"对话框，在其中找到要发送文件或文件夹的位置，然后选择需要发送的文件或文件夹，单击"发送"按钮。

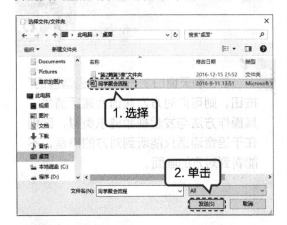

第3步 发送文件

此时在窗口的右侧将打开"传送文件"选项卡，在其中显示了文件传送请求。

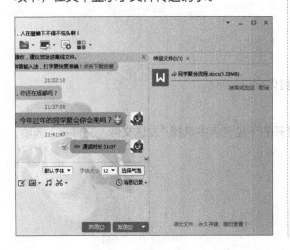

第4步 对方接收文件

当对方接收文件后，就可以开始文件的传送了，进度条上会显示文件传送的进度。

第5步 传送完成

当文件传送完成后，将在聊天窗口列表中提示文件传送成功。单击"打开"超链接，可打开传送的文件。单击"打开文件夹"超链接，可将其所在的文件夹打开。单击"转发"超链接，可将其转发给其他人。单击"演示"超链接，可预览文档效果。

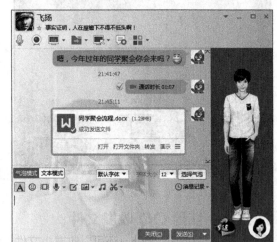

第6步 接收文件

若对方向你发来文件，则会在聊天窗口的右侧打开"传送文件"选项卡，并提示文件传送。单击"接收"超链接，文件将保存到默认的文件夹中。

第7步 设置保存位置

单击"另存为"超链接，打开"另存为"对话框，在其中设置文件的保存位置，然后单击"保存"按钮即可。

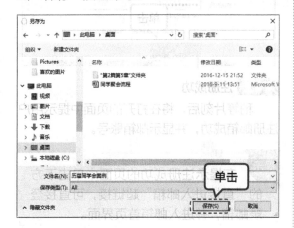

第8步 成功接收

当文件接收完成后，将在聊天窗口中显示提示信息。

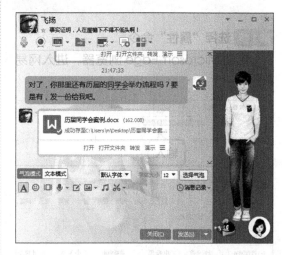

12.2 案例——利用网页发送电子邮件

本节视频教学时间 / 4分钟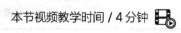

/ 案例操作思路

本案例主要介绍如何利用网页发送电子邮件。电子邮件，英文名为 E-mail，是一种通过电子邮箱在互联网中的电脑之间收发信息的技术。目前电子邮箱地址已经和移动电话、固定电话及传真一样成为常用的联系方式。电子邮箱地址的一般格式为 user@mail.server.name，其中 user 是用户名；符号 @ 读作"at"，是电子邮箱地址的专用符号；mail.server.name 是电子邮箱所在的服务器名称，即电子邮箱所在网站的网址。

/ 技术要点

（1）申请电子邮箱账号。
（2）撰写并发送电子邮件。
（3）接收并回复电子邮件。

12.2.1 申请电子邮箱账号

在使用邮箱前需要先申请邮箱,现在很多网站都带有邮件服务器,并提供免费邮箱供用户使用。下面以申请网易邮箱为例进行讲解,具体操作如下。

第1步 选择"属性"命令

启动 Microsoft Edge 浏览器,进入网易首页。

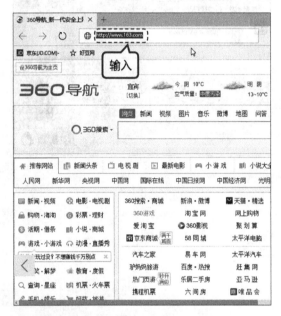

第2步 单击"注册免费邮箱"按钮

在首页上方单击"注册免费邮箱"按钮。

第3步 输入注册信息

此时将打开"注册网易免费邮箱"页面,在其中输入相应的信息,然后单击"立即注册"按钮。

第4步 注册成功

稍等片刻后,将在打开的页面中提示用户注册邮箱成功,并显示邮箱账号。

提示 在提示注册成功的页面中单击下方的"直接进入邮箱"超链接,可直接登录邮箱,并进入邮箱首页界面。

12.2.2 撰写并发送电子邮件

登录电子邮箱后，就可以发送邮件了。邮件正文通常是纯文本内容，而图片、文档等类型的文件，一般以附件方式发送。具体操作如下。

第1步 登录邮箱

在网易网首页上方单击"登录"按钮，在打开的面板中输入邮箱账号和密码，然后单击"登录"按钮。

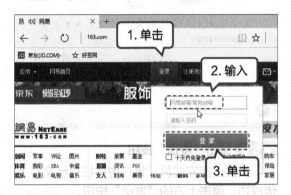

第2步 选择"进入我的邮箱"选项

邮箱登录成功后，在邮箱名称上单击，在打开的下拉列表中选择"进入我的邮箱"选项。

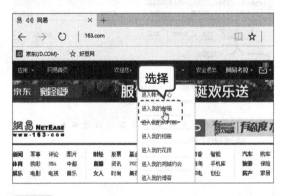

第3步 单击"进入邮箱"按钮

若第一次登录邮箱账号，则会打开提示对话框，提示手机号码注册邮箱成功，在其中单击"进入邮箱"按钮。

第4步 单击"写信"按钮

此时将进入邮箱首页，在其左上角单击"写信"按钮。

第5步 输入邮件内容

在打开的邮件编辑界面的"收件人"栏中输入收件人邮箱，在"主题"栏中输入主题内容，然后在下方的文本框中输入邮件文本内容。

第6步 选择图片

在邮件文字内容文本框上方单击"添加附件"超链接，打开"打开"对话框，在其中选择需要作为附件发送的文件，然后单击"打开"按钮即可。

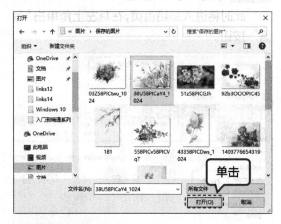

第7步 上传附件

此时将在附件栏中显示文件正在上传，若用户单击"删除"超链接，则将取消文件上传。

第8步 单击"发送"按钮

文件上传完成后，将在附件栏提示文件上传成功，单击上方的"发送"按钮。

第9步 设置邮箱名称

由于邮箱申请后还没有设置邮箱名称，为了让收件人能知道是谁发送的邮件，因此还需要设置名称，在打开的提示框中输入邮箱名称，单击"保存并发送"按钮即可。

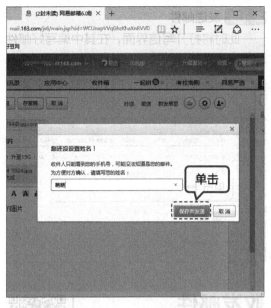

第10步 发送成功

稍等片刻后将打开提示页面，在其中提示

用户邮件发送成功，单击"返回收件箱"超链接可返回到收件箱；单击"继续写信"超链接则会打开写信页面。

12.2.3 接收并回复电子邮件

除了发送邮件外，还可以接收、阅读并回复邮件，其具体操作如下。

第1步 单击"收信"按钮

打开"邮箱"首页界面，在其左上角单击"收信"按钮。

第2步 查看邮件

在右侧的信件列表中选择需要查看的邮

件，在其上单击即可将其打开。

第3步 单击"回复"按钮

在打开的页面中显示了邮件的内容，若读后需要回复，可单击"回复"按钮。

第4步 发送邮件

此时将打开写信界面，在其中编写好邮件回复内容，然后单击"发送"按钮即可。

12.3 案例——使用 Foxmail 收发邮件

本节视频教学时间 / 8 分钟

/ 案例操作思路

本案例主要介绍如何使用 Foxmail 收发邮件。Foxmail 是由华中科技大学张小龙开发的一款优秀的国产电子邮件客户端软件，2005 年 3 月 16 日被腾讯收购，成为腾讯旗下的一个邮箱，域名为"foxmail.com"。

/ 技术要点

（1）认识电子邮件。
（2）安装 Foxmail。
（3）创建并设置邮箱账户。
（4）接收和回复邮件。
（5）管理邮件。
（6）使用地址簿发送邮件。

12.3.1 安装 Foxmail

Foxmail 能够准确识别垃圾邮件与非垃圾邮件，其安装步骤如下。

第1步 双击安装文件

在硬盘上找到安装文件并双击。

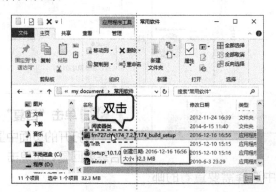

第2步 单击"快速安装"按钮

在打开的安装向导中直接单击"快速安装"按钮。

> **提示** 若要更改默认的安装位置和选项，可单击右下角的"自定义安装"超链接，在打开的界面中进行设置。

第3步 开始安装

此时将开始安装 Foxmail，并在打开的界面中显示安装进度。

第4步 安装成功

稍等片刻后安装完成，将打开提示界面提示安装成功，取消选中其中的复选框，单击"完成"按钮即可。

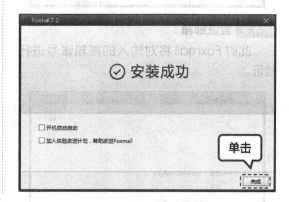

12.3.2 创建并设置邮箱账户

在使用 Foxmail 邮件客户端收发电子邮件之前，需要先创建相应的邮箱账号，具体操作如下。

第1步 启动 Foxmail

在桌面上双击 Foxmail 快捷图标。

第2步 检测电脑中的邮箱账号

此时即可打开 Foxmail，在首次使用时，Foxmail 将对电脑中已有的邮箱账号进行检测，若不想检测，可单击"跳过"超链接。

第3步 打开"新建账号"窗口

打开"新建账号"对话框，在"E-mail 地址"文本框中输入要打开的电子邮箱账号，在"密码"文本框中输入密码，单击"创建"按钮创建账户。

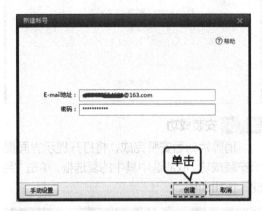

第4步 验证邮箱

此时 Foxmail 将对输入的邮箱账号进行验证。

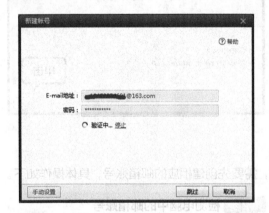

第5步 设置成功

邮箱验证完成后将打开提示界面，提示设置成功，单击"完成"按钮。

第6步 单击"设置"按钮

此时将进入 Foxmail 主界面，单击主界面右上角的"设置"按钮，在打开的下拉列表中选择"账号管理"选项。

第7步 查看邮箱账号设置

打开"系统设置"对话框，在其中选择要设置的账号，然后在右侧单击选项卡，在其中可以设置 E-mail 地址、密码、显示名称、发信名称等。

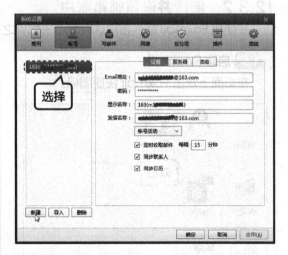

第8步 添加邮箱

单击"新建"按钮，打开"新建账号"对话框，按照相同的方法进行设置，添加多个电子邮箱账号，并依次显示在主界面的左侧，方便用户查看。

第9步 设置添加的邮箱账号

在左侧的列表框中选择添加的邮箱账号，

在右侧单击"设置"选项卡，在其中可设置邮箱账号等。

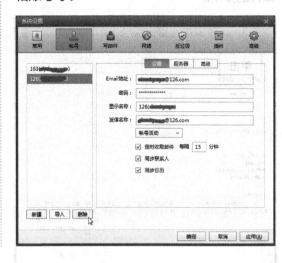

12.3.3 接收和回复邮件

使用 Foxmail 邮件客户端来接收和发送邮件是最基本和最常用的操作。下面将使用 Foxmail 来接收邮件，并查看已接收邮件的具体内容，具体操作如下。

第1步 查看邮件

在打开的 Foxmail 邮件客户端主界面左侧的邮箱列表框中选择邮箱账号，然后选择账号下的"收件箱"选项，此时左侧列表框中将显示该邮箱中的所有邮件，单击"放假通知"邮件，在其右侧的列表框中将显示该邮件的内容。

第2步 显示邮件的详细内容

在中间的邮件列表框中双击"放假通知"

邮件，打开"放假通知"窗口，其中显示了该邮件的详细内容。

第3步 发送邮件

完成阅读后，单击工具栏中的"回复"按钮进行答复，在打开的窗口中，程序已经自动填写了"收件人"和"主题"，并在编辑窗口中显示原邮件的内容。根据需要输入回复内容后，单击工具栏中的"发送"按钮，完成回复邮件的操作。

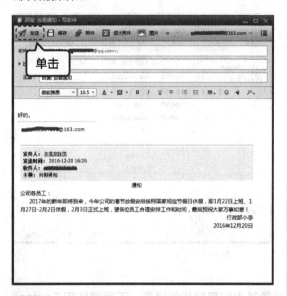

人，可以单击工具栏上的"转发"按钮，在打开的窗口中填写收件人地址后，再单击工具栏中的"发送"按钮即可。

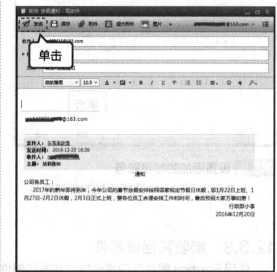

第4步 转发邮件

如果要将接收到的电子邮件转发给其他

12.3.4 管理邮件

在 Foxmail 邮件客户端中可以对邮件进行复制、移动、删除、保存等管理操作，使邮件的存放更符合用户的需求。

第1步 复制邮件

在 Foxmail 邮件客户端主界面的邮件列表框中选择需复制的邮件，然后单击鼠标右键，在弹出的快捷菜单中选择"移动到"命令，在打开的子菜单中选择"复制到其他文件夹"命令。

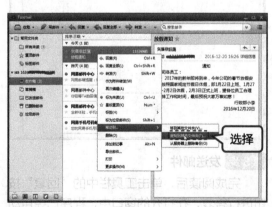

第2步 粘贴邮件

打开"选择文件夹"对话框，在"请选择

一个文件夹"列表框中选择目标文件夹，这里选择 126 账号下的"收件箱"选项，单击"确定"按钮，即可将该邮件复制到所选文件夹中。

第3步 移动邮件

在邮件列表框中选择需移动的邮件，按住鼠标左键不放并拖曳鼠标指针，当鼠标指针变成⁚⁚形状时，将其移至目标邮件夹后再释放鼠标，这里移至左侧的"垃圾邮件"文件夹。

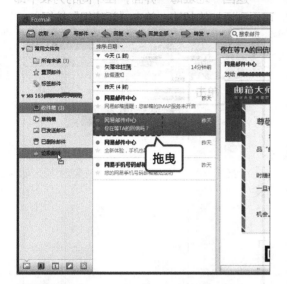

第4步 查看效果

移动完成后，原来的邮件会自动消失。

第5步 删除邮件

在邮件列表框中选择要删除的邮件，然后按键盘上的【Delete】键或在该邮件上单击鼠标右键，在弹出的快捷菜单中选择"删除"

命令，即可将该邮件移动至左侧邮箱列表框中的"已删除邮件"文件夹。

第6步 清空邮件

在"已删除邮件"文件夹上单击鼠标右键，在弹出的快捷菜单中选择"清空'已删除邮件'"命令，即可将邮件彻底删除。

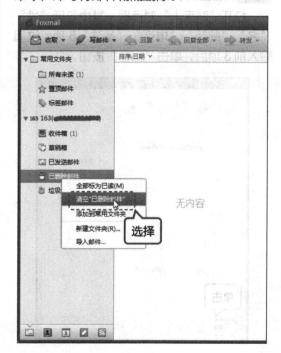

12.3.5 使用地址簿发送邮件

Foxmail 邮件客户端提供了地址簿功能，通过它能够方便地管理邮箱地址和个人信息。地址簿以名片的方式存放信息，一张名片对应一个联系人的信息，包括联系人姓名、电子邮件地址、电话号码以及单位等内容。

第1步 单击"新建联系人"按钮

在 Foxmail 邮件客户端主界面左侧邮箱列表框底部单击"地址簿"按钮，打开"地址簿"界面，在左侧邮箱列表框中选择"本地文件夹"选项，单击界面左上角的"新建联系人"按钮。

第2步 粘贴邮件

打开"联系人"对话框，其中包括"姓""名""邮箱""电话""备注"5项，这里输入前3项后，单击"保存"按钮。

> **提示** 如果需要填写更多的联系人信息，可以单击"编辑更多资料"超链接，打开对话框并在剩余的选项卡中输入。

第3步 查看添加的联系人

返回"地址簿"界面，在中间的列表中即可看到添加的邮箱，单击"新建组"按钮。

第4步 新建组

打开"联系人"对话框，在"组名"文本框中输入设置的名称，这里输入"朋友"，然后单击"添加成员"按钮。

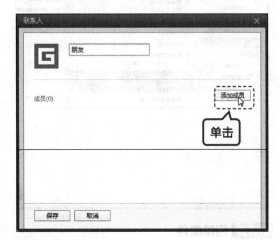

第5步 添加邮件地址

打开"选择地址"对话框，在"地址簿"列表中显示了"本地文件夹"的所有联系人信息，选择需添加到"朋友"组中的联系人，单击"添加"按钮或在联系人上双击鼠标，此时，右侧的"参与人列表"列表框中就会自动显示添加的联系人，单击"确定"按钮确认。

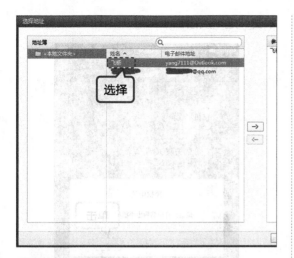

第6步 保存联系人

返回"联系人"对话框，在"成员"列表框中将显示所添加的联系人，最后单击"保存"按钮完成组的创建操作。

第7步 保存联系人

成功创建联系人组后，选择"朋友"组，单击"写邮件"按钮，打开"写邮件"窗口，程序将自动添加收件人地址，编辑内容后单击"发送"按钮，即可群发邮件。

高手支招

1. 使用 QQ 导出手机相册

本节视频教学时间 / 3 分钟

现在的手机像素越来越高，使用手机拍照也已是普遍现象，但手机中的存储空间有限，经常需要将手机中的照片导入到电脑中，具体操作步骤如下。

第1步 选择导出相册

在电脑上登录 QQ，单击导航条最右侧的手机按钮，在下方选择"导出手机相册"选项。

第2步 开始体验

打开相应的"导出手机相册"窗口，以及"权限请求"窗口，这里单击"开始体验"按钮。

第3步 授权

此时在手机端打开 QQ，将跳出授权请求，

单击"是"按钮。

第4步 导出相册

返回 PC 端，此时程序将读取手机中的相册，选择需要导出的相册，设置存储位置，单击"导出"按钮即可。

2. 利用 Outlook 2016 管理邮件

Microsoft Office Outlook 是微软办公软件套装的组件之一，它对 Windows 自带的 Outlook Express 的功能进行了扩充。Outlook 的功能很多，可以用它来收发电子邮件、管理联系人信息、记日记、安排日程、分配任务。

第1步 启动 Outlook 2016

在开始菜单中单击 Outlook 2016 选项，启动 Outlook 2016。

第2步 单击"下一步"按钮

打开"欢迎使用 Microsoft Outlook 2016"对话框，单击"下一步"按钮。

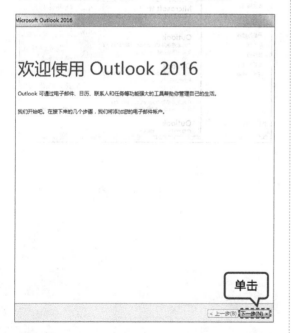

第3步 设置是否添加账户

打开"Microsoft Outlook 账户设置"对话框，点选"是"单选按钮，单击"下一步"按钮。

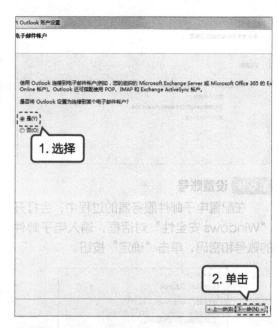

第4步 填写相关信息

打开"添加账户"对话框，依次在"电子邮件账户"选项区中填写对应的账户信息。

第5步 显示配置信息

填写完成后，单击"下一步"按钮，进入"正在搜索您的邮件服务器设置"界面，显示正在配置进度。

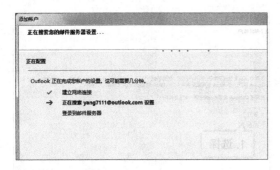

第6步 设置账号

在配置电子邮件服务器的过程中，会打开"Windows 安全性"对话框，输入电子邮件的账号和密码，单击"确定"按钮。

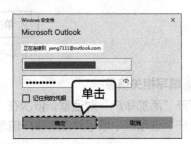

第7步 完成配置

再次返回到"正在搜索您的邮件服务器设置"界面，稍后将显示配置完成信息，单击"完成"按钮。

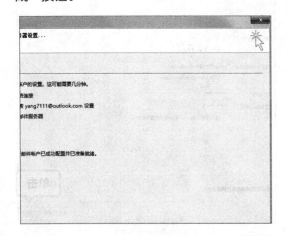

第8步 加载程序

将显示 Outlook 启动界面，并显示程序加载进度。

第9步 管理邮件

稍后将进入"收件箱"窗口，在"开始"选项卡的"新建"面板中，可单击"新建电子邮件"按钮，开始新建邮件，并对邮箱中的邮件进行管理。

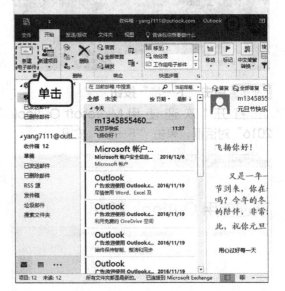

高级应用篇

Chapter
13
使用系统管理工具

本章视频教学时间 / 18 分钟

⊃ 技术分析

　　Windows 10 操作系统内置了多个系统管理工具，这些工具能够让系统运行得更加稳定，有效地帮助用户解决系统故障问题。

　　本章将具体介绍系统管理工具的使用方法，包括事件查看器、任务管理器，以及系统性能的查看方法等。

⊃ 思维导图

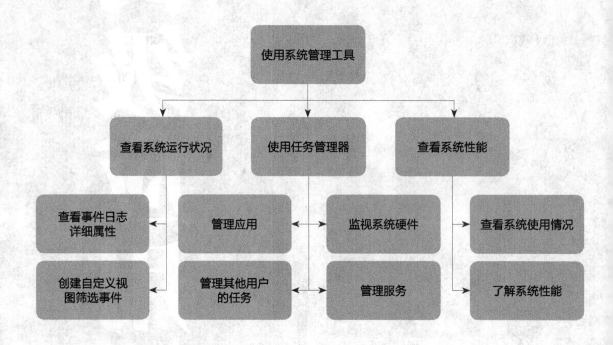

案例——使用事件查看器查看系统运行状况

本节视频教学时间 / 4分钟

/ 案例操作思路

　　本案例主要介绍如何使用事件查看器查看系统的运行状况。事件查看器是检测系统运行状况和解决系统故障问题时必不可少的工具。

/ 技术要点

　　（1）查看事件日志的详细属性。
　　（2）创建自定义视图筛选事件。

13.1.1　查看事件日志的详细属性

　　事件日志的详细属性主要有事件来源、ID和发生的时间等基本信息。查看事件日志详细属性的具体操作如下。

第1步 启动"事件查看器"程序

　　打开"开始"菜单，在中间列表中选择"Windows 附件"选项，在展开的列表中选择"事件查看器"选项。

第2步 查看事件

　　此时将打开"事件查看器"窗口，在其中左侧的列表中单击"Windows 日志"栏中的"安全"选项。

271

第3步 双击事件

在中间列表中双击需要查看的事件名称。

第4步 查看事件具体信息

打开"事件属性"对话框,在其中显示了事件的相关信息。

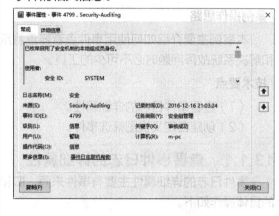

13.1.2 创建自定义视图筛选事件

自定义视图可以筛选出用户指定类型的事件,或多种类别的事件日志等。下面介绍2种不同的创建方法。

1. 通过筛选创建自定义视图

对于要经常查看的某类事件日志,用户可将其创建为自定义视图并保存,具体操作如下。

第1步 单击"筛选当前日志"超链接

在"事件查看器"窗口右侧的列表框中单击"筛选当前日志"超链接。

键"和"错误"复选框,然后单击"确定"按钮。

第2步 设置事件筛选条件

打开"筛选当前日志"对话框,在"筛选器"选项卡的"记录时间"下拉列表中选择"近7天"选项,在"事件级别"栏中单击选中"关

第3步 保存创建的视图方式

返回"事件查看器"窗口,在其中右侧的列表框中单击"将筛选器保存到自定义视图"超链接。

第4步 设置保存名称

打开"将筛选器保存到自定义视图"对话框，在"名称"文本框中输入筛选器的名称，然后单击"确定"按钮。

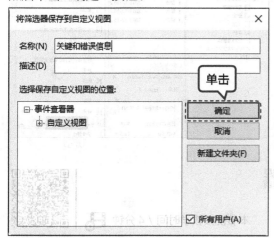

第5步 查看筛选器筛选结果

返回"事件查看器"窗口，在左侧的"自定义视图"组中单击上一步保存的筛选器名称，这里单击"关键和错误信息"选项，即可在中间的列表框中显示符合筛选条件的事件。

2.手动创建自定义视图

若要创建多种类型的事件日志，可以通过手动选择来创建，具体操作如下。

第1步 单击"创建自定义视图"超链接

在"事件查看器"窗口右侧的列表框中单击"创建自定义视图"超链接。

第2步 选择事件日志

打开"创建自定义视图"对话框，在其中的"记录时间"下拉列表中选择"近24小时"，在"事件级别"栏中单击选择"警告"复选框，在"事件日志"下拉列表中选择"应用程序"和"系统"复选框。

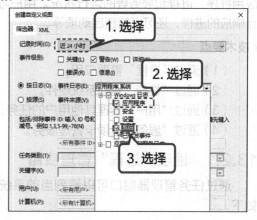

273

第3步 继续设置

继续使用相同的方法选中其他的事件日志，然后单击"确定"按钮。

第4步 保存自定义视图

使用相同的方法打开"将筛选器保存到自定义视图"对话框，在其中设置筛选器名称，然后单击"确定"按钮。

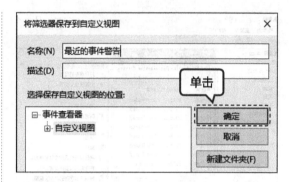

第5步 查看事件

返回"事件查看器"窗口，在"自定义视图"组中单击保存的筛选器选项，即可在右侧的列表中显示出筛选的事件日志。

13.2 案例——使用任务管理器

本节视频教学时间 / 4分钟

/ 案例操作思路

本案例主要介绍如何使用任务管理器。任务管理器主要用于显示当前操作系统中正在运行的应用程序、进程和服务等的运行状况。用户可以通过任务管理器轻松查看系统性能，或删除已停止响应的进程，还可以管理启动项等。

/ 技术要点

（1）通过"进程"管理应用。
（2）通过"性能"监视系统硬件。
（3）通过"用户"管理其他用户的任务。
（4）通过"服务"选项卡管理服务。

13.2.1 通过"进程"管理应用

通过任务管理器窗口可以看到当前系统的运行状况，并对其进行相关的操作，具体操作如下。

第1步 启动任务管理器

在任务栏的空白处单击鼠标右键，在弹出的快捷菜单中选择"任务管理器"命令，或按【Ctrl+Alt+Delete】组合键。

第2步 查看当前电脑正在运行的任务

打开"任务管理器"对话框，在其中显示了当前电脑正在运行的相关任务，单击"详细信息"按钮。

第3步 结束任务

打开显示了详细信息的"任务管理器"窗口，在需要结束的任务上单击鼠标右键，在弹出的快捷菜单中选择"结束任务"命令。

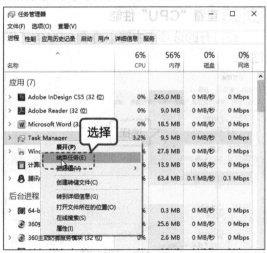

第4步 重启任务

若某个任务没有响应，则可在"应用"列表中相应的任务上单击鼠标右键，在弹出的快捷菜单中选择"重新启动"命令。

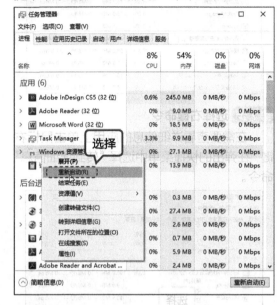

第5步 输入应用命令

打开"新建任务"对话框，在"打开"的下拉列表中输入要启动的应用命令，然后单击"确定"即可。

第6步 单击 CPU

在"任务管理器"窗口单击"CPU"选项卡，即可将进程按照CPU的使用率从高到低排列。

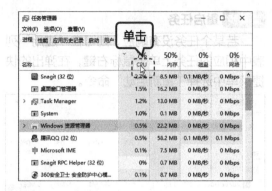

第7步 选择右键命令

在需要查看详细信息的应用上单击鼠标右键，在弹出的快捷菜单中选择"转到详细信息"命令。

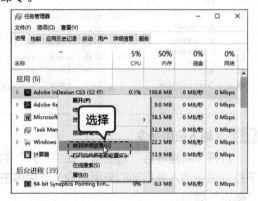

第8步 查看详细信息

在打开的"详细信息"选项卡中将显示当前应用的详细信息，在其中的进程上单击鼠标右键，在弹出的快捷菜单中可以进行相关的操作。

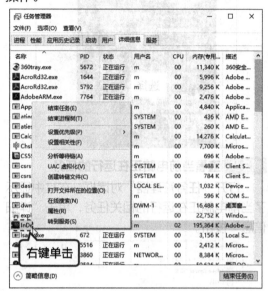

13.2.2 通过"性能"监视系统硬件

在资源管理器的"性能"选项卡中可以查看当前系统的各种硬件使用情况，如CPU、内存、磁盘等，具体操作如下。

第1步 单击"性能"选项卡

在"任务管理器"窗口中单击"性能"选项卡。

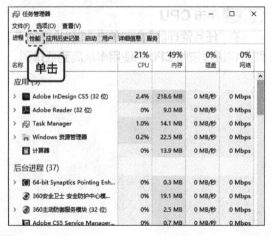

第2步 查看"CPU"性能

在打开的选项卡中可以查看CPU的工作性能。

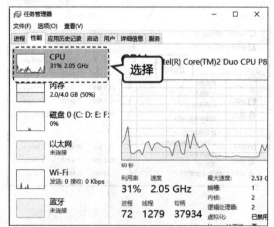

第3步 查看"内存"性能

在左侧的列表中选择"内存"选项,在右侧可以查看内存的使用性能。

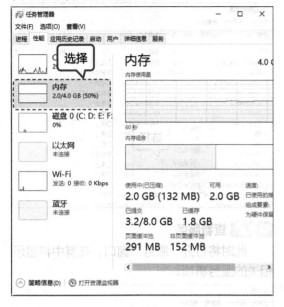

第4步 查看 Wi-Fi 性能

同样,在左侧的列表中选择"Wi-Fi"选项,则可在右侧的列表中查看 Wi-Fi 的使用性能。

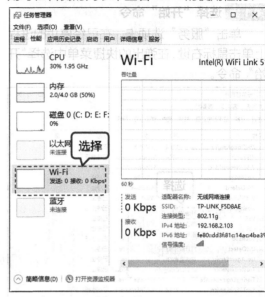

13.2.3　通过"用户"管理其他用户的任务

当系统中有多个用户登录使用时,管理员可通过任务管理器的"用户"选项卡来管理其他用户正在进行的任务,具体操作如下。

第1步 结束任务

单击"用户"选项卡,在其中选择需要结束任务的进程,在其上单击鼠标右键,在弹出的快捷菜单中选择"结束任务"命令。

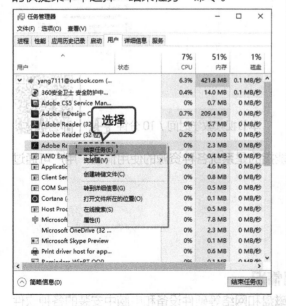

第2步 断开连接

选中需要关闭的进程,在其上单击鼠标右键,在弹出的快捷菜单中选择"断开连接"命令即可。

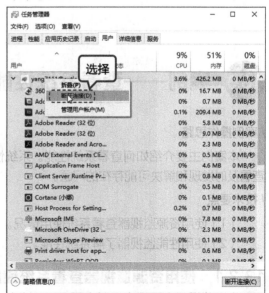

13.2.4 通过"服务"选项卡管理服务

通过"服务"选项卡管理服务的具体操作如下。

第1步 选择"开始"命令

单击"服务"选项卡，在已经停止的进程上单击鼠标右键，在弹出的快捷菜单中选择"开始"命令。

第2步 选择"打开服务"命令

在需要查看详细服务的进程上单击鼠标右键，在弹出的快捷菜单中选择"打开服务"命令。

第3步 查看服务

此时将打开"服务"窗口，在其中将显示相关的服务事项。

13.3 案例——查看系统性能

本节视频教学时间 / 10分钟

/ 案例操作思路

本案例主要介绍如何查看系统性能。系统性能指的是系统各种资源的使用情况，用户可通过查看及时发现和解决可能存在的问题。

/ 技术要点

（1）使用资源监视器查看系统使用情况。

（2）使用性能监视器了解系统性能。

13.3.1 使用资源监视器查看系统使用情况

资源监视器主要用来实时查看CPU、内存、磁盘和网络等硬件设备和电脑中安装的各种软件的使用情况。

1. 启动资源监视器

启动资源监视器的具体操作如下。

第1步 **打开"资源监视器"程序**

在"开始"菜单中间列表中选择"Windows
管理工具"，在其下选择"资源监视器"选项。

第2步 **查看资源**

打开"资源监视器"窗口，在其中可以看
到当前电脑的资源使用情况。

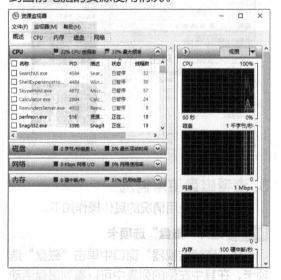

2. 查看 CPU 的使用情况

在资源监视器的"CPU"选项卡中可以查
看系统的进程、CPU的使用情况等，具体操作
如下。

第1步 **切换到"CPU"选项卡**

在"资源监视器"窗口中单击"CPU"选
项卡，在其中可以看到 CPU 的使用情况。

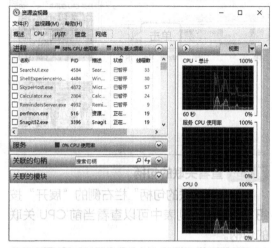

第2步 **查看具体数据**

在右侧的列表中列出了 CPU 的相关占用
情况。

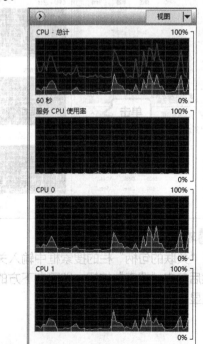

第3步 **查看 CPU 的服务**

单击"服务"栏右侧的"展开"按钮，在

展开的列表中可以查看当前 CPU 的服务。

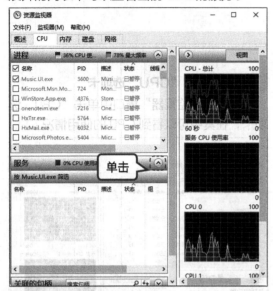

第4步 查看关联的句柄

　　单击"关联的句柄"栏右侧的"展开"按钮，在展开的列表中可以查看当前 CPU 关联的句柄。

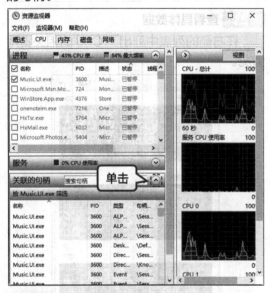

第5步 输入关键词

　　在"关联的句柄"栏的搜索框中输入关键词，然后单击"搜索"按钮，即可在下方的列表中只显示设置的项目。

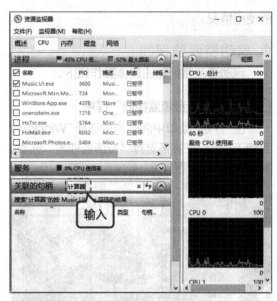

第6步 查看关联的模块

　　在下方"关联的模块"栏右侧单击"展开"按钮，即可在展开的列表中查看到关联的模块内容。

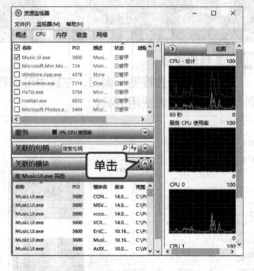

3. 查看磁盘使用情况

　　查看磁盘使用情况的具体操作如下。

第1步 选择"磁盘"选项卡

　　在"资源监视器"窗口中单击"磁盘"选项卡，在其中左侧的列表中可以看到磁盘活动的进程。

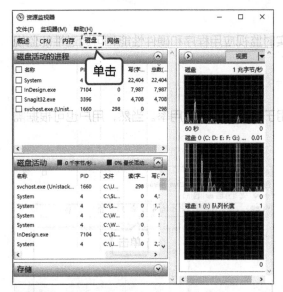

4. 查看网络使用情况

查看网络使用情况的具体操作如下。

第1步 单击"网络"选项卡

在"资源监视器"窗口中单击"网络"选项卡，在其中左侧的列表中可以看到网络活动的进程。

第2步 查看相关使用情况

在右侧的列表中可以查看磁盘的相关使用情况。

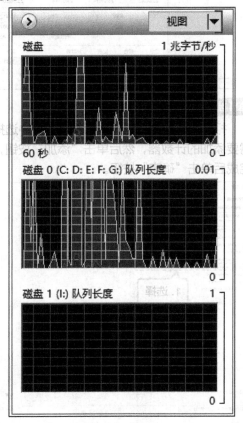

第2步 查看 TCP 连接

在下方单击"TCP 连接"栏右侧的展开按钮，在其中可以查看其连接的相关进程使用情况。

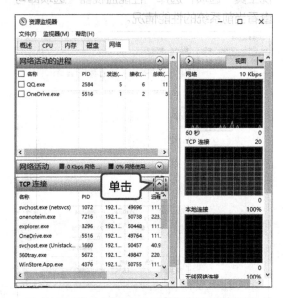

13.3.2 使用性能监视器了解系统性能

若要了解当前系统各方面的性能表现，以便实时监视应用程序和硬件性能，可通过性能监视器来实现，下面具体介绍。

1. 使用性能监视器

性能监视器在默认情况下只有一个计数器，用于显示CPU的占用率。当然，用户也可根据需要添加新的计数器，具体操作如下。

第1步 启动性能监视器程序

在"开始"菜单的中间列表中选择"WIndows 管理"选项，在展开的列表中选择"性能监视器"选项。

第2步 查看性能监视

打开"性能监视器"窗口，在其中展开"监视工具"选项，选择"性能监视器"选项即可查看当前系统的性能情况。

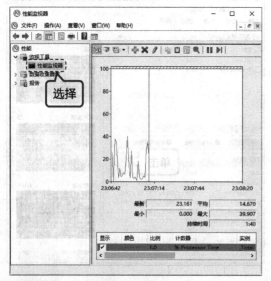

第3步 单击"添加"按钮

在工具栏中单击"添加"按钮。

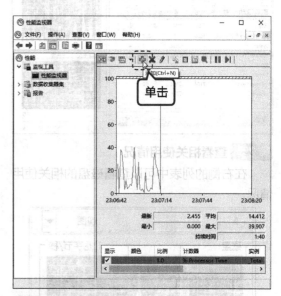

第4步 添加计数器

打开"添加计数器"对话框，在其中选择需要添加的计数器，然后单击"添加"按钮，完成后单击"确定"按钮。

第5步 双击计数器

在"性能监视器"窗口下方的列表框中双击添加的计数器。

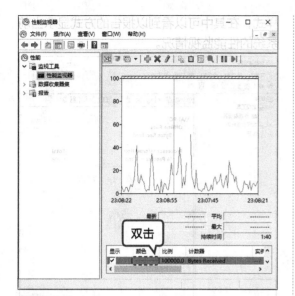

表中即可查看选择的计数器的性能显示情况。

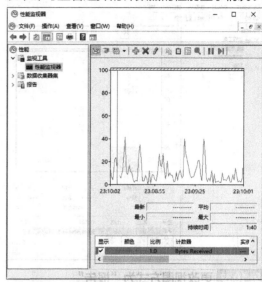

第6步 设置属性

打开"性能监视器 属性"对话框，在其中设置该计数器的颜色、比例等样式，完成后单击"确定"按钮。

第8步 更改视图方式为直方图条

在"性能监视器"窗口中单击"视图"按钮，在打开的列表中选择"直方图条"选项。

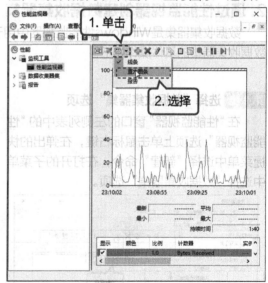

第9步 查看效果

此时，即可将图表区视图方式由原来的线条变为直方图效果。

第7步 查看计数器

返回"性能监视器"对话框，在右侧的列

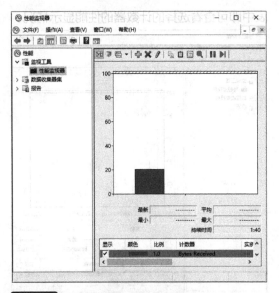

样式，在其中可以看到以报告的方式显示当前系统的性能监视情况。

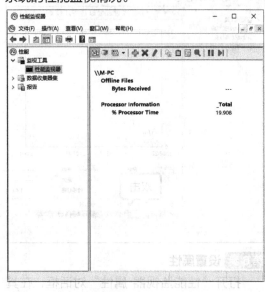

第10步 更改视图方式为"报告"

使用相同的方法将视图方式更改为"报告"

2. 通过性能监视器创建数据收集器集

数据收集器集是Windows性能监视器中用于性能监视和报告的模块，通过性能监视器来创建数据收集器集的具体操作如下。

第1步 选择"数据收集器集"选项

在"性能监视器"窗口的左侧列表中的"性能监视器"选项上单击鼠标右键，在弹出的快捷菜单中选择"新建"命令，在打开的子菜单中选择"数据收集器集"选项。

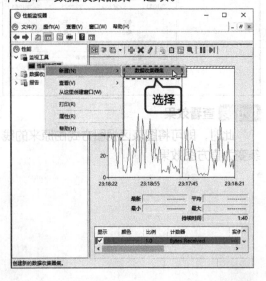

第2步 设置名称

打开"创建新的数据收集器集"对话框，在其中的"名称"文本框中输入需要的名称，然后单击"下一步"按钮。

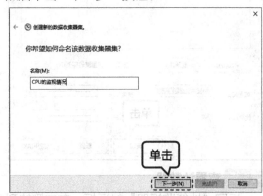

第3步 设置根目录

单击打开界面的"根目录"文本框右侧的"浏览"按钮，在打开的对话框中设置根目录的位置，完成后单击"下一步"按钮。

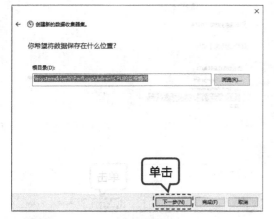

第4步 立即启动数据收集器集

在打开的界面中选中"立即启动该数据收集器集"单选项，其他保持默认，然后单击"完成"按钮。

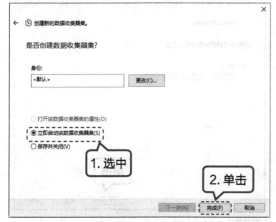

第5步 停止使用数据收集器集

此时新建的数据收集器集将立即生效，若要停止使用该数据收集器集，可在其上单击鼠标右键，在弹出的快捷菜单中选择"停止"命令。

第6步 选择"最新的报告"命令

再次在该数据收集器集上单击鼠标右键，在弹出的快捷菜单中选择"最新的报告"命令。

第7步 查看报告

此时将打开"系统监视器日志"窗口，在其中可以看到最新的系统监视报告。

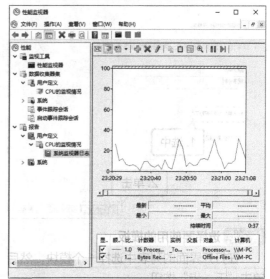

3. 通过模板创建数据收集器集

通过模板创建数据收集器集的具体操作如下。

第1步 选择"数据收集器集"命令

在"性能监视器"窗口的"性能"列表中的"用户定义"选项上单击鼠标右键，在弹出的快捷菜单中选择"新建"命令，在打开的子菜单中选择"数据收集器集"命令。

第2步 选择"从模板创建"单选项

在打开的"创建新的数据收集器集"对话框中的"名称"文本框中输入数据收集器集的名称，单击选中"从模板创建"单选项，然后单击"下一步"按钮。

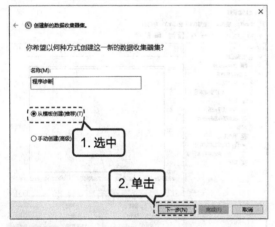

第3步 选择要使用的模板

在打开界面的列表中选择一个模块，然后单击"下一步"按钮。

第4步 设置根目录

单击打开界面的"根目录"文本框右侧的"浏览"按钮，在打开的对话框中设置根目录的位置，完成后单击"下一步"按钮。

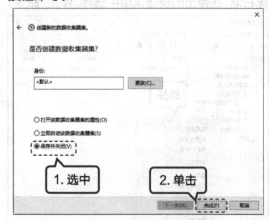

第5步 保存设置

在打开的界面最后单击选中"保存并关闭"单选项，其他保持默认设置，然后单击"完成"按钮即可。

第6步 查看创建的数据收集器集

在"性能监视器"窗口的左侧列表中单击"数据收集器集"选项下的"用户定义"选项，即可在右侧的列表中显示用户自定义的数据收集器集。

4. 手动创建数据收集器集

手动创建数据收集器集的具体操作如下。

第1步 选择"数据收集器集"命令

在"性能监视器"窗口的"性能"列表中的"用户定义"选项上单击鼠标右键，在弹出的快捷菜单中选择"新建"命令，在打开的子菜单中选择"数据收集器集"命令。

第2步 选择创建方式

在打开的"创建新的数据收集器集"对话框中的"名称"文本框中输入数据收集器集的名称，单击选中"手动创建"单选项，然后单击"下一步"按钮。

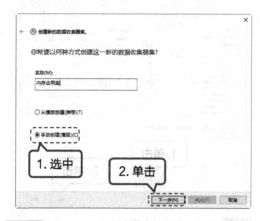

第3步 设置创建数据日志

在打开的界面中单击选中"创建数据日志"单选项，在其下的子列表中选中"性能计数器"复选框，完成后单击"下一步"按钮。

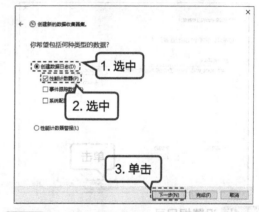

第4步 单击"添加"按钮

在打开的界面中单击"添加"按钮。

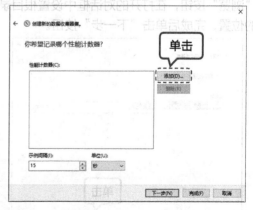

第5步 选择计数器

在打开的对话框的"可用计数器"栏中选择需要添加的计数器，然后单击"添加"按钮，最后单击"确定"按钮。

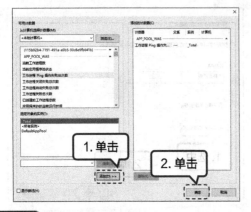

第6步 单击"下一步"按钮

返回"创建新的数据收集器集"对话框，在其中的"性能计数器"列表中可看到添加的计数器，单击"下一步"按钮。

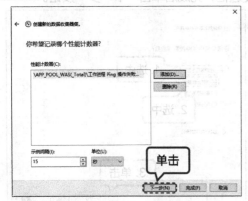

第7步 设置根目录

单击打开界面的"根目录"文本框右侧的"浏览"按钮，在打开的对话框中设置根目录的位置，完成后单击"下一步"按钮。

第8步 保存设置

在打开的界面最后单击选中"保存并关闭"单选项，其他保持默认设置，然后单击"完成"按钮即可。

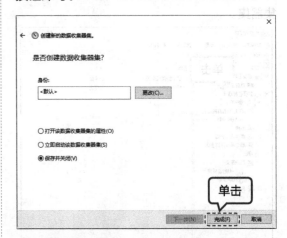

第9步 查看创建的数据收集器集

返回"性能监视器"窗口，在左侧的列表中选择创建的数据收集器集选项，在右侧即可看到相关信息。

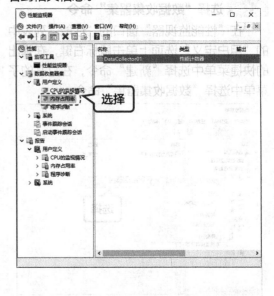

14 优化和维护系统安全

本章视频教学时间 / 17 分钟

⊃ 技术分析

在电脑使用一段时间后，经常会出现运行速度缓慢、应用程序无响应等问题，这可能是由于系统中存在较多的垃圾文件和磁盘碎片的缘故，需要进行优化和维护了。

本章将具体介绍优化和维护系统安全的相关知识，包括优化系统性能、设置系统安全及防范电脑病毒和木马等。

⊃ 思维导图

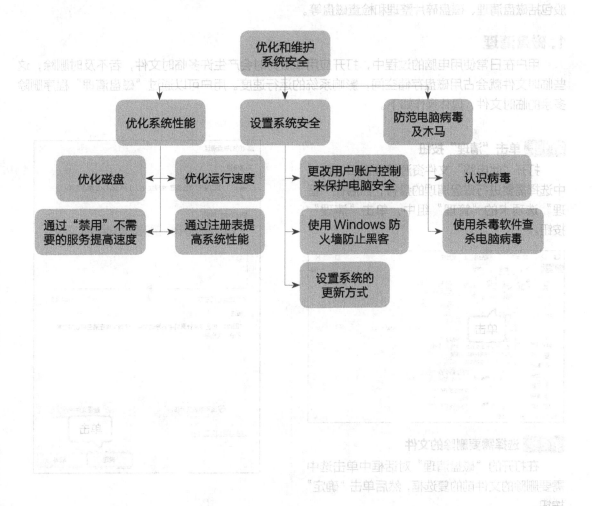

14.1 案例——优化系统性能

本节视频教学时间 / 10 分钟

/ 案例操作思路

　　本案例主要介绍如何优化系统性能。优化操作可以有效地提高系统的运行速度，主要涉及维护磁盘、设置虚拟内存、禁用不使用的服务和注册表优化等。

/ 技术要点

　　（1）优化磁盘提高运行速度。
　　（2）使用性能监视器了解系统性能。
　　（3）通过"禁用"不需要的服务提高速度。
　　（4）通过注册表提高系统性能。

14.1.1 优化磁盘提高运行速度

　　对磁盘的存储空间进行整理和优化，可以提高系统的运行速度，优化系统性能。优化磁盘一般包括磁盘清理、磁盘碎片整理和检查磁盘等。

1. 磁盘清理

　　用户在日常使用电脑的过程中，打开应用或服务时会产生许多临时文件，若不及时删除，这些临时文件就会占用磁盘存储空间，影响系统的运行速度。用户可以通过"磁盘清理"程序删除多余的临时文件，具体操作如下。

第1步 **单击"清理"按钮**

　　打开"此电脑"文件资源管理窗口，在其中选择需要进行磁盘清理的盘符，然后在"管理"选项卡的"管理"组中，单击"清理"按钮。

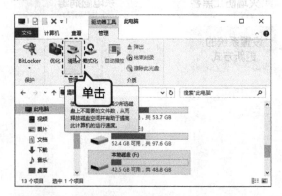

第2步 **选择需要删除的文件**

　　在打开的"磁盘清理"对话框中单击选中需要删除的文件前的复选框，然后单击"确定"按钮。

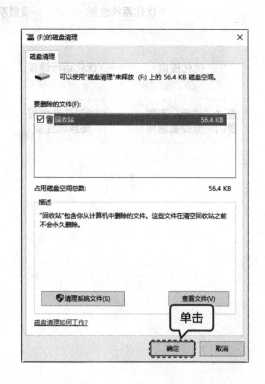

默认情况下，大多数的临时文件是保存在系统盘中的，因此用户可定时对系统盘进行清理。另外，除了 Windows 10 自带的磁盘清理程序外，许多软件也兼有磁盘清理功能，如 360 安全卫士等。

第3步 **单击"删除文件"按钮**

此时将打开"磁盘清理"提示框，在其中单击"删除文件"按钮即可。

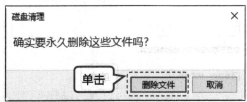

第4步 **清理磁盘**

此时将在打开的对话框中显示磁盘清理进度，清理完成后该对话框将自动关闭。

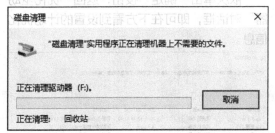

2. 磁盘碎片整理

在对文件进行移动、复制、删除或新建操作时，通常会出现文件的信息被分割存储在不同存储单元中的现象，这种被分割开的文件就是磁盘碎片。用户可通过磁盘碎片整理功能对这些碎片进行整理、排列，以提高运行速度，具体操作如下。

第1步 **单击"优化"按钮**

在"此电脑"文件资源管理窗口的"管理"选项卡的"管理"组中单击"优化"按钮。

第2步 **单击"分析"按钮**

在打开的"优化驱动器"窗口的"状态"列表框中选择需要优化的磁盘，单击"分析"按钮。

第3步 **单击"优化"按钮**

此时，程序将对选择的磁盘进行分析，分析完成后，"上一次运行时间"栏将显示为当前时间，单击"优化"按钮。

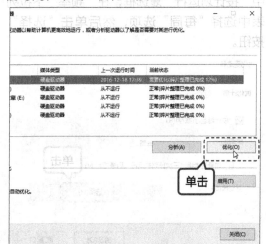

第4步 开始磁盘优化

此时将开始进行优化，并在右侧显示磁盘优化的进度。

第5步 单击"启用"按钮

观察发现，驱动器自动优化设置没有启用，单击"启用"按钮。

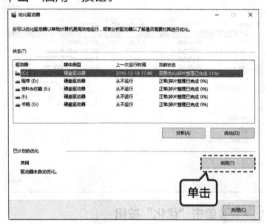

第6步 设置优化计划

打开"优化驱动器"按钮，在其中单击选中"按计划运行"复选框，在"频率"下拉列表中选择"每周"选项，然后单击"选择"按钮。

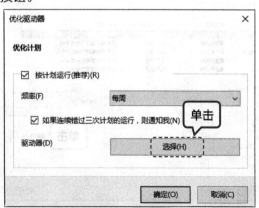

第7步 选择要优化的磁盘

在打开的对话框中间的列表中选中要优化的磁盘前的复选框，然后单击"确定"按钮。

第8步 查看设置效果

依次单击"确定"按钮，返回"优化驱动器"对话框，即可在下方看到设置的计划优化信息。

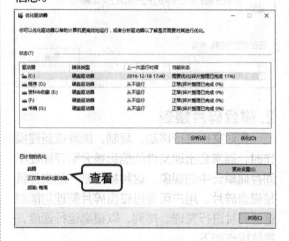

3. 磁盘检查

若电脑出现频繁死机、蓝屏、运行速度缓慢等现象，则可能是由于磁盘上出现了逻辑错误，此时可通过磁盘检查来查找磁盘中可能存在的错误，进而解决一些电脑问题并改善电脑的性能。需要注意的是，在进行磁盘检查前，要停止一切磁盘活动，具体操作如下。

第1步 单击"属性"按钮

在"此电脑"文件资源管理窗口中选择需要进行磁盘检查的盘符，然后在快速访问工具栏中单击"属性"按钮。

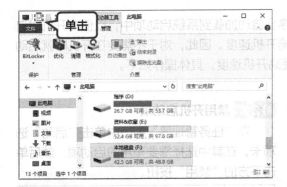

第2步 单击"检查"按钮

打开"属性"对话框，在其中单击"工具"选项卡，在"查错"栏中单击"检查"按钮。

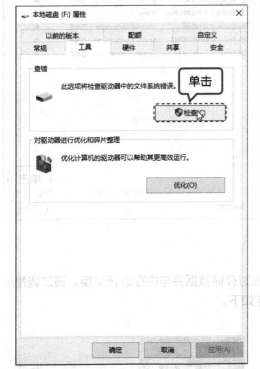

第3步 选择"扫描驱动器"选项

打开"错误检查"对话框，在其中选择"扫描驱动器"选项。

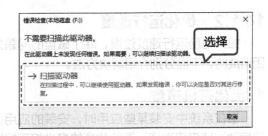

第4步 查看扫描进度

此时将对选择的磁盘进行错误检查，并显示扫描进度。

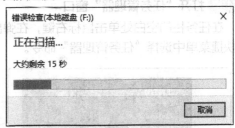

第5步 单击"显示详细信息"超链接

稍后将在该对话框中提示已成功扫描驱动器，单击"显示详细信息"超链接。

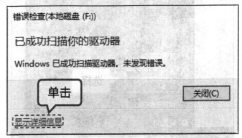

第6步 查看详细信息

此时将打开"事件查看器"窗口，在其中可查看磁盘检查的详细信息。

14.1.2 优化运行速度

如果电脑运行速度过慢，除了磁盘的问题外，还可能是开机启动项太多或虚拟内存太小等原因造成的。下面分别介绍解决方法。

1. 优化开机速度

当在系统中安装某些应用时，安装的应用程序会自动加载到系统启动项中，以便在开机时自动启动这些应用程序，而加载项的多少将直接影响开机速度。因此，对于不需要在开机时就启动的应用程序，可将其从开机启动项中删除，从而提高开机速度，具体操作如下。

第1步 打开"任务管理器"窗口

在任务栏的空白处单击鼠标右键，在弹出的快捷菜单中选择"任务管理器"命令。

第2步 禁用开机启动项

在"任务管理器"窗口中单击"启动"选项卡，在其中选择需要禁用的启动项，然后单击下方的"禁用"按钮。

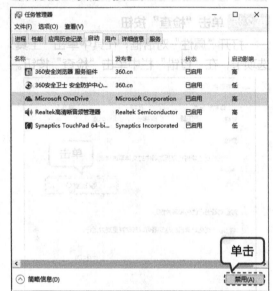

2. 设置虚拟内存

虚拟内存是硬盘中的一块空闲空间，主要用来临时存储数据并与内存进行交换。通过调整虚拟内存的大小，可有效地提高系统的性能，具体操作如下。

第1步 选择"系统"命令

在"开始"菜单上单击鼠标右键，在弹出的快捷菜单中选择"系统"命令。

第2步 单击"高级系统设置"超链接

打开"系统"窗口，在左侧的列表中单击"高级系统设置"超链接。

第3步 单击"设置"按钮

打开"系统属性"对话框的"高级"选项卡，在其中单击"性能"栏中的"设置"按钮。

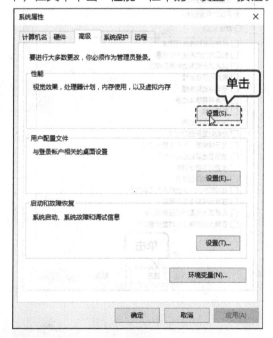

第4步 单击"更改"按钮

打开"性能选项"对话框，在"高级"选项卡中单击"更改"按钮。

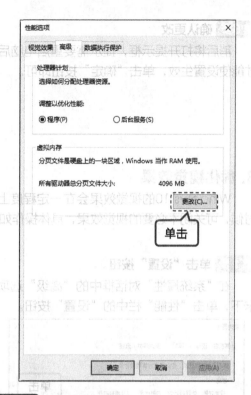

第5步 设置虚拟内存

打开"虚拟内存"对话框，在其中选择需要设置的盘符，然后在下方单击选中"自定义大小"单选项，在其中的文本框中分别指定其最大值和最小值，完成后单击"确定"按钮。

第6步 确认更改

稍后将打开提示框，提示需要重启电脑后才能使设置生效，单击"确定"按钮即可。

3. 优化视觉效果

Windows 10的视觉效果会在一定程度上耗费系统资源，在电脑资源不足或运行速度缓慢的时候，可关闭不必要的视觉效果，具体操作如下。

第1步 单击"设置"按钮

在"系统属性"对话框中的"高级"选项卡下，单击"性能"栏中的"设置"按钮。

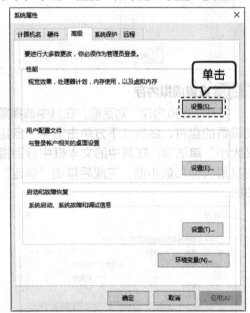

第2步 选中"调整为最佳性能"单选项

打开"性能选项"对话框，在其中单击"视觉效果"选项卡，然后单击选中"调整

为最佳性能"单选项，最后单击"确定"按钮即可。

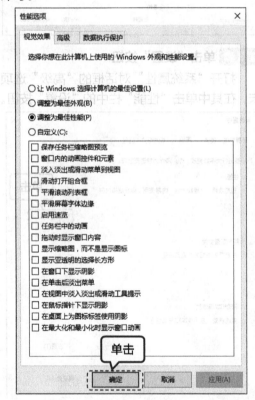

4. 设置关机时清空虚拟内存页面文件

即使关闭系统，保存在虚拟内存中的文件仍然是存在的。若要删除这些文件，可设置在关机时清空虚拟内存页面文件，具体操作如下。

第1步 选择"本地安全策略"选项

在开始菜单的"Windows 管理工具"栏中选择"本地安全策略"选项。

第2步 选择"关机"选项

打开"本地安全策略"窗口，在左侧选择"本地策略"栏中的"安全选项"选项，在右侧选择"关机：清除虚拟内存页面文件"选项。

第3步 查看说明

打开"关机：清除虚拟内存页面文件属性"对话框，在其中单击"说明"选项卡，可查看相关的说明信息。

> **提示** 当用户不需要设置关机时清除虚拟内存页面文件的功能时，可使用相同的方法打开"关机：清除虚拟内存页面文件 属性"对话框，在其中的"本地安全设置"选项卡中单击选中"已禁用"单选项，然后单击"确定"按钮即可。

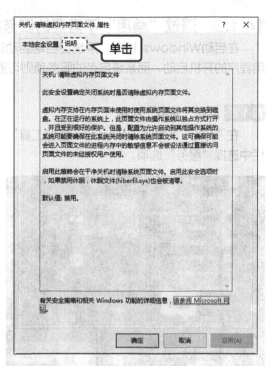

第4步 单击"已启用"单选项

单击"本地安全设置"选项卡，在其中单击选中"已启用"单选项，然后单击"确定"按钮。

14.1.3 通过"禁用"不需要的服务提高速度

在启动Windows 10时，系统会自动启动许多服务，通过设置开启启动项的方式只能禁止应用程序的开机启动，而系统自带的服务项则可通过"禁用"命令来禁用，具体操作如下。

第1步 启动"服务"程序

在"开始"菜单的"Windows 管理工具"栏中选择"服务"选项。

第2步 选择服务

打开"服务"窗口，在其中右侧的列表中选择需要禁用的服务选项。

第3步 禁用服务

打开其属性对话框，在"常规"选项卡的"启动类型"下拉列表中选择"禁用"选项，在下方单击"停止"按钮，然后单击"确定"按钮即可。

14.1.4 通过注册表提高系统性能

注册表在Windows 10操作系统中就如同一个系统专用记事本，其中记录了系统软件、硬件的所有信息和参数。修改注册表也是提高系统性能的一种方式，下面具体进行介绍。

1. 取消启动时运行 Chkdsk 的等待时间

如果电脑非正常关机，在重新启动时，系统将自动运行Chkdsk程序来检查和修复磁盘中存在的错误。但在运行程序前，一般会有一段等待时间，用户可通过修改注册表的方式来缩短或取消Chkdsk的等待时间，具体操作如下。

第1步 执行命令

按【 Windows +R 】组合键，打开"运行"对话框，在其中的"打开"下拉列表中输入"regedit"命令，然后单击"确定"按钮。

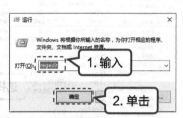

第2步 展开子菜单

打开"注册表编辑器"窗口，在左侧的列表中依次展开"HKEY_LOCAL_MACHINE\SYSTEM\CurrentControlSet\Control\Session Manager"子菜单，在右侧的列表中双击"AutoChkTimeout"选项。

第3步 设置数值数据

打开"编辑 DWORD 值"对话框，在其中的"数值数据"文本框中输入"1"，然后单击"确定"按钮即可。

2. 启动系统时不进行自检

若在使用电脑过程中，因为突然出现故障或断电情况而导致重启，则在启动时系统将会自动进行检查，以便对错误部分进行恢复。若用户认为没必要进行自检，可通过设置注册表参数，使其跳过系统自检流程，具体操作如下。

第1步 选择右键菜单命令

打开"注册表编辑器"窗口，在左侧的列表中依次展开"HKEY_LOCAL_MACHINE\SOFTWARE\Microsoft\Windows NT\CurrentVersion\Winlogon"子菜单，在其上单击鼠标右键，在弹出的快捷菜单中选择"新建"命令，在打开的子菜单中选择"字符串值"命令。

第2步 设置名称

此时即可在右侧窗口中新建一个字符串，在其中输入"SystemStartOptions"名称。

第3步 选择"修改"命令

在新建的字符串上单击鼠标右键，在弹出的快捷菜单中选择"修改"命令。

第4步 设置数值数据

打开"编辑字符串"对话框，在其中的"数值数据"文本框中输入"Nodetec"，然后单击"确定"按钮。

3. 加速关闭应用程序

在关闭应用程序时，通常会有一定的等待时间，用户可以通过修改注册表缩短关闭应用程序的等待时间，达到快速关闭应用程序的目的，其具体操作如下。

第1步 打开子菜单

打开"注册表编辑器"窗口，在左侧的列表中依次展开"HKEY_CURRENT_USER\Control Panel\Desktop"子菜单。

第2步 选择"修改"命令

在"WaitTokillAppTimeOut"选项上单击鼠标右键，在弹出的快捷菜单中选择"修改"命令。

第3步 设置数值数据

打开"编辑字符串"对话框，在其中的"数值数据"文本框中输入"10000"，然后单击"确定"按钮。

提示 如果通过操作系统无法关闭电脑，可以展开"HKEY_LOCAL_MACHINE\SOFTWARK\Microsoft\Windows NT\CurrentVersion\Winlogon"子菜单，在其中将"PowerdownAfterShutdown"字符串值的数值数据设置为1，通常能够解决问题。

4. 加快系统预读能力

开机时，系统会自动生成与开机需预读的必要程序和服务相关的执行文件，若将这些程序放在预读文件中，并将其放在硬盘同分区靠前的位置，就可以有效加快下次打开这些程序的启动速度。可以通过修改注册表来实现该目的，其具体操作如下。

第1步 打开子菜单

打开"注册表编辑器"窗口,在左侧的列表中依次展开"HKEY_LOCAL_MACHINE\SYSTEM\CurrentControlSet\Control\Session Manager\Memory Management\PrefetchParameters"子菜单。

第2步 设置数值数据

在右侧的列表中双击系统预读能力对应的字符串,打开"编辑 DWORD"对话框,在其中的"数值数据"文本框中输入"4",然后单击"确定"按钮。

5. 删除内存中多余的 DLL 文件

DLL文件即动态链接库文件,在应用程序运行时会被系统调用。当应用程序被多次安装或卸载后,内存中就会留下很多无用的DLL文件,若累积太多,则会占用大量的内存空间,降低系统的运行速度。此时,用户可以通过注册表将内存中没有被使用的DLL文件删除,其具体操作如下。

第1步 打开子菜单

打开"注册表编辑器"窗口,在左侧的列表中依次展开"HKEY_LOCAL_MACHINE\SOFTWARE\Microsoft\Windows\CurrentVersion\Explorer"子菜单,在右侧的空白位置单击鼠标右键,在弹出的快捷菜单中选择"新建"命令,在子菜单中选择"字符串值"命令。

第2步 新建字符串

此时即可新建一个字符串，在其中输入字符串的名称"AlwaysUnloadDLL"，然后双击该字符串。

第3步 设置数值数据

打开"编辑字符串"对话框，在其中的"数值数据"文本框中输入"1"，然后单击"确定"按钮。

6. 加快系统关闭速度

在关机时，通常需要一段等待时间才能完全将系统关闭。用户可以通过修改注册表来加快系统关闭的速度，具体操作如下。

第1步 双击字符串

打开"注册表编辑器"窗口，在左侧的列表中依次展开"HKEY_LOCAL_MACHINE\ SYSTEM\CurrentControlSet\Control"子菜单，在右侧的列表中双击"WaitToKill ServiceTimeout"选项。

第2步 设置数值数据

打开"编辑字符串"对话框，在其中的"数值数据"文本框中输入"5000"，然后单击"确定"按钮。

第3步 新建字符串

继续在左侧的列表中依次展开"HKEY_CURRENT_USER\Control Panel\Desktop"子菜单,在右侧的空白位置单击鼠标右键,在弹出的快捷菜单中选择"新建"命令,在子菜单中选择"字符串值"命令。

第4步 设置数值数据

使用相同的方法打开"编辑字符串"对话框,在其中的"数值数据"文本框中输入"5000",然后单击"确定"按钮。

第5步 双击字符串

继续在左侧的列表中依次展开"HKEY_CURRENT_USER\Control Panel\Desktop"子菜单,在右侧的窗口中双击需要设置的字符串。

第6步 设置数值数据

打开"编辑字符串"对话框,在其中的"数值数据"文本框中输入"3000",然后单击"确定"按钮。

7. 自动关闭停止响应的程序

如果在使用电脑过程中，某个应用程序停止响应，可以通过设置让系统自动将其关闭，具体操作如下。

第1步 双击字符串

在左侧的列表中依次展开"HKEY_CURRENT_USER\Control Panel\Desktop"子菜单,在右侧的窗口中双击"AutoEndTasks"选项。

第2步 设置数值数据

打开"编辑字符串"对话框,在其中的"数值数据"文本框中输入"1",然后单击"确定"按钮。

8. 加快局域网访问速度

若当前电脑处于一个局域网中，当打开"网络"窗口时将会显示当前局域网中的电脑。在这一过程中，系统会自动先检测局域网中每台电脑的打印机资源，然后才显示局域网中的电脑。用户可通过修改注册表，跳过检测打印机资源的过程，具体操作如下。

第1步 选择"删除"命令

打开"注册表编辑器"窗口,在左侧的列表中依次展开"HKEY_LOCAL_MACHINE\SOFTWARE\Microsoft、Windows\CurrentVersion\Explorer\RemoteComputer\NameSpace"子菜单,在该子菜单下方选择其中的选项,在其上单击鼠标右键,在弹出的快捷菜单中选择"删除"命令。

第2步 **确认删除**

此时将打开"确认项删除"提示框，在其中单击"是"按钮即可将其删除。

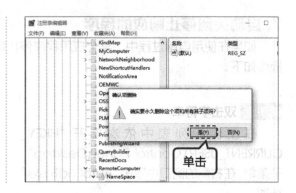

14.2 案例——设置系统安全

本节视频教学时间 / 5 分钟

/ 案例操作思路

本案例主要介绍如何设置系统安全。Windows 10操作系统具有很多安全新特性，能有效发现和消除恶意应用程序带来的威胁。

/ 技术要点

（1）更改用户账户控制来保护电脑安全。
（2）使用Windows 防火墙防止黑客。
（3）设置系统的更新方式。

14.2.1 更改用户账户控制来保护电脑安全

用户账户控制功能可以在程序做出需要管理员权限的更改时通知用户，以此来保证用户对电脑的控制。当弹出通知时，若当前是管理员登录，则可选择是否执行操作；若不是管理员登录系统，则必须有具有管理员权限的用户输入密码才能继续。通过更改用户账户控制来保护电脑安全的具体操作如下。

第1步 **打开"控制面板"窗口**

在"开始"菜单的"Windows 系统"选项下选择"控制面板"选项。

第2步 **单击"安全与维护"超链接**

打开"所有控制面板项"窗口，在其中单击"安全和维护"超链接。

第3步 单击"更改用户账户控制"

在打开的窗口左侧单击"更改用户账户控制设置"超链接。

第4步 设置权限

打开"用户账户控制设置"对话框，在其中拖曳滑块到最底下，将其设置为"不推荐"级别，然后单击"确定"按钮。

14.2.2 使用Windows 防火墙防止黑客

防火墙是由软件和硬件设备组合而成，在内部网络和外部网络之间、专用网络与公共网络之间的界面上构成的保护屏障，可以防止网络中的大部分危险，保护电脑的安全，具体操作如下。

1. 开启防火墙

安装Windows 10后，系统默认会启用防火墙。若因为一些原因将防火墙关闭，可手动启动防火墙，使电脑处于监控状态，保障电脑的网络安全，具体操作如下。

第1步 单击"Windows 防火墙"超链接

打开"所有控制面板项"窗口，在其中单击"Windows 防火墙"超链接。

第2步 单击"启用和关闭防火墙"

在打开的窗口左侧的列表中单击"启用和关闭防火墙"超链接。

第3步 启用防火墙

打开"自定义设置"窗口，在其中选中"启用Windows防火墙"单选项，然后单击"确定"按钮即可。

> **提示**　当需要关闭防火墙设置时，可使用相同的方法打开"自定义设置"窗口，在其中单击选中"关闭Windows防火墙"单选项即可。

2. 设置防火墙入站规则

在外部网络访问本地电脑时，电脑病毒、间谍软件等恶意程序都可通过网络感染电脑，使电脑系统受到安全威胁。因此，设置防火墙入站规则非常有必要，具体操作如下。

第1步　单击超链接

在打开的"Windows防火墙"窗口中单击左侧的"允许应用或功能通过Windows防火墙"超链接。

第2步　选择应用

在打开的"允许的应用"窗口的列表框中，将允许通过的应用后的复选框选中，单击"允许其他应用"按钮。

第3步　单击"浏览"按钮

在打开的"添加应用"对话框最后单击"浏览"按钮。

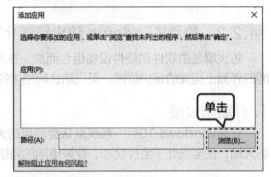

第4步　选择允许的应用

在打开的"浏览"对话框中选择需要设置为允许的应用，然后单击"打开"按钮。

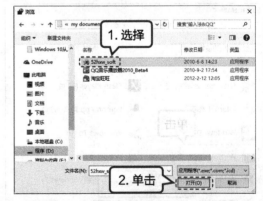

第5步　单击"添加"按钮

返回"添加应用"对话框，在其中的"应用"列表框中将显示添加的应用，单击"添加"按钮。

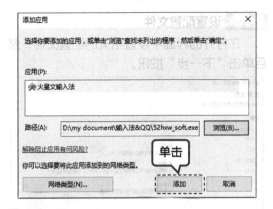

第6步 单击"确定"按钮

返回"允许的应用"窗口，在其中即可看到添加的应用，单击"确定"按钮。

3. 设置防火墙出站规则

出站规则是指应用程序等访问外部网络时的规则。在Windows 10操作系统中，所有的出站规则都是默认允许的，用户也可以手动设置，具体操作如下。

第1步 单击"高级设置"超链接

在"Windows 防火墙"窗口最后单击"高级设置"超链接。

第2步 单击"新建规则"超链接

打开"高级安全 Windows 防火墙"窗口，在左侧的列表框中选中"出站规则"选项，在右侧的列表框中单击"新建规则"超链接。

第3步 单击"下一步"按钮

在打开的"新建出站规则向导"窗口中保持默认设置，单击"下一步"按钮。

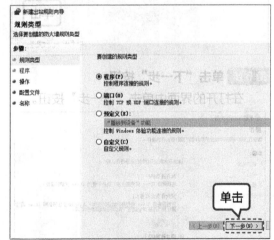

第4步 选择应用程序

在打开的界面中单击"浏览"按钮，打开"打开"对话框，在其中选择应用程序，然后单击"打开"按钮。

第5步 单击"下一步"按钮

返回"新建出站规则向导"窗口，单击"下一步"按钮。

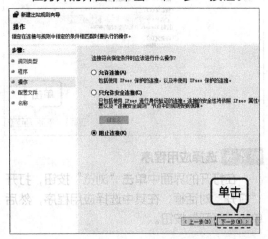

第6步 单击"下一步"按钮

在打开的界面中单击"下一步"按钮。

第7步 设置配置文件

在打开的界面中设置相关的配置文件，然后单击"下一步"按钮。

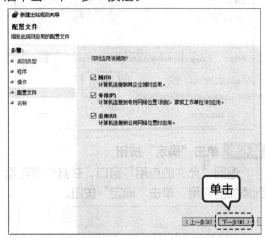

第8步 设置名称

在打开的界面中设置规则名称，然后单击"完成"按钮即可。

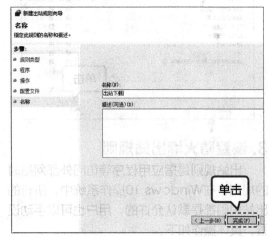

14.2.3 设置系统的更新方式

微软每隔一段时间都会发布系统的更新文件以完善和加强系统功能。Windows系统的更新功能可自动下载和安装更新文件，当然用户也可以设置手动检查和更新系统，具体操作如下。

第1步 单击"更新和安全"超链接

打开"设置"窗口，在其中单击"更新和安全"超链接。

第2步 单击"Windows 更新"选项

在打开的界面中单击"Windows 更新"选项。

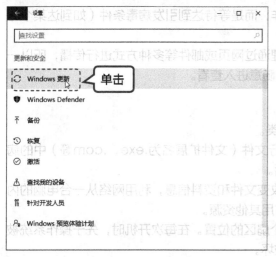

第3步 单击"高级选项"超链接

打开"Windows 更新"窗口，在其中单击"高级选项"超链接。

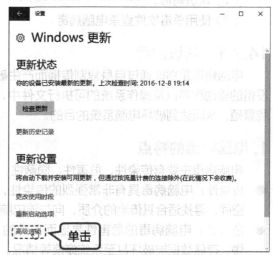

第4步 设置更新

在打开的"高级选项"界面中可设置系统更新的方式。

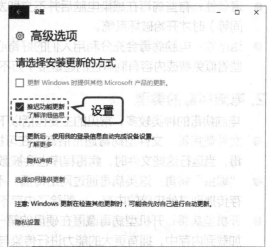

14.3 案例——防范电脑病毒及木马

本节视频教学时间 / 2分钟

/ 案例操作思路

本案例主要介绍如何防范电脑病毒及木马。该操作是确保电脑安全的关键知识点，每个电脑用户都应熟练掌握。

/ 技术要点

（1）认识病毒。

（2）使用杀毒软件查杀电脑病毒。

14.3.1 认识病毒

电脑病毒是指能通过自身复制传播而产生破坏的一种电脑程序，它能寄生在系统的启动区、设备的驱动程序以及操作系统的可执行文件中，甚至在任何应用程序上，并利用系统资源进行自我繁殖，从而达到破坏电脑系统的目的。

1. 电脑病毒的特点

电脑病毒主要有传染性、危害性、隐蔽性、潜伏性、诱惑性等特点。

● 传染性：电脑病毒具有非常强烈的传染性，病毒一旦侵入，就会不断地自我复制，占据磁盘空间，寻找适合其传染的介质，向与该电脑联网的其他电脑传播，达到破坏数据的目的。

● 危害性：电脑病毒的危害性是显而易见的，病毒会影响系统的正常运行，导致运行速度减慢、存储数据被破坏甚至系统瘫痪等情况。

● 隐蔽性：电脑病毒具有极强的隐蔽性，通常是一个没有文件名的程序，电脑被感染病毒一般是不能预知的。因此，只有定期对电脑进行病毒扫描和查杀，才能最大限度减少病毒的危害。

● 潜伏性：有些病毒在感染电脑后并不立即发作，而是等待达到引发病毒条件（如到达某个时间等）时才开始破坏系统。

● 诱惑性：电脑病毒会充分利用人们的好奇心理通过网页或邮件等多种方式进行传播，所以一些看似免费或内容有刺激性的超链接千万不要随意进入查看。

2. 电脑病毒的类型

电脑病毒的种类较多，常见的主要包括以下6类。

● 文件型病毒：文件型病毒通常指寄生在可执行文件（文件扩展名为.exe、.com等）中的病毒，当运行这些文件时，病毒程序也会被激活。

● "蠕虫"病毒：这类病毒通过网络传播，不改变文件和资料信息，利用网络从一台电脑的内存传播到其他电脑的内存，一般除了内存不占用其他资源。

● 开机型病毒：开机型病毒藏匿在硬盘的第一个扇区的位置。在每次开机时，先于操作系统被加载到内存中，拥有更大的能力进行传染与破坏。

● 复合型病毒：复合型病毒兼具开机型病毒和文件型病毒的特性，可以传染可执行文件，也可以传染磁盘的开机系统区，破坏程度非常可怕。

● 宏病毒：宏病毒主要是利用软件本身所提供的宏来设计的病毒，所以凡是具有编写宏能力的软件都有宏病毒存在的可能，如Word、Excel等。

● 复制型病毒：复制型病毒会以不同的病毒码传染到别的地方去。每一个中毒的文件所包含的病毒码都不一样，对于扫描固定病毒码的杀毒软件来说，这类病毒很难清除。

3. 电脑病毒的表现

电脑感染病毒后，不同病毒对应的症状差异也很大。当电脑出现如下情况时，就要考虑对电脑病毒进行扫描了。

● 系统引导速度或运行速度减慢，经常无故发生死机。
● Windows操作系统无故频繁出现错误，电脑屏幕上出现异常显示。
● Windows系统异常，无故重新启动。
● 电脑存储的容量异常减少，执行命令出现错误。
● 在一些非要求输入密码的时候，要求用户输入密码。
● 不应驻留内存的程序一直驻留在内存。
● 磁盘卷标发生变化，或者不能识别硬盘。
● 文件丢失或文件损坏，文件的长度发生变化。
● 文件的日期、时间、属性等发生变化，文件无法正确读取、复制或打开。

4. 如何防治电脑病毒

在使用电脑的过程中，注意一些方法可降低感染病毒的概率。

● 切断病毒的传播途径：最好不要使用和打开来历不明的光盘和可移动存储设备，使用前最好先进行查毒操作以确认这些介质中无病毒。
● 良好的使用习惯：网络是电脑病毒最主要的传播途径，在上网时不要随意浏览不良网站，不要打开来历不明的电子邮件，不要下载和安装未经过安全认证的软件。
● 提高安全意识：在使用电脑的过程中，应该有较强的安全防护意识，如及时更新操作系统、备份硬盘的主引导区和分区表、定期进行电脑体检、定期扫描电脑中的文件并清除威胁等。

14.3.2 使用杀毒软件查杀电脑病毒

杀毒软件就是专门针对电脑病毒开发的软件，可以扫描并清除电脑中感染的病毒。目前主流的杀毒软件比较多，常见的有360杀毒、瑞星、卡巴斯基等。

1. 开启实时防护功能

通过安装杀毒软件来防范病毒和木马是常用的病毒防范手段，杀毒软件一般集成有实时防护和监控功能，当出现可疑情况时就会提示用户。下面介绍如何开启360杀毒软件的实时防护功能，具体操作如下。

第1步 单击"实时防护"按钮

启动"360杀毒"软件，在打开的界面中单击"实时防护"按钮。

第2步 返回首页

此时将在打开的界面中显示实时防护的相关设置，完成后单击"返回首页"按钮返回主页。

第3步 单击"安全设置"按钮

在 360 安全防护中心单击"安全设置"按钮。

第4步 设置实时防护选项

在打开的界面中，单击相应的复选框设置主动防御服务，然后单击"确定"按钮。

2. 查杀病毒

电脑每使用一段时间，都需要使用杀毒软件查杀病毒。下面介绍用360杀毒软件查杀病毒的具体操作。

第1步 单击"自定义扫描"按钮

在 360 杀毒软件的主界面单击"自定义扫描"按钮。

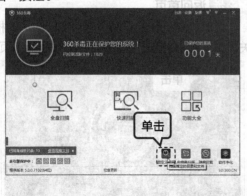

第2步 选择扫描对象

打开"选择扫描目录"对话框，在其中选择需要扫描的盘符前的复选框，然后单击"扫描"按钮。

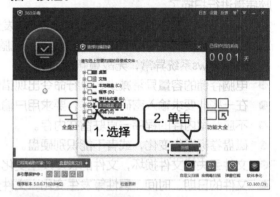

第3步 显示扫描进度

此时即可对选择的盘符进行扫描，并显示扫描进度。

第4步 单击"返回"按钮

扫描完成后会将扫描结果显示在窗口最后，若没有发现安全威胁，可直接单击"返回"按钮。

Chapter 15 系统备份与还原

本章视频教学时间 / 5分钟

⊃ 技术分析

Windows 10 操作系统有很多系统文件，若用户在使用过程中误删了这些文件，则有可能造成系统崩溃或埋下被木马、病毒破坏的隐患。

本章将具体介绍系统备份与还原的相关方法，包括使用还原点备份和还原系统、使用 Ghost 备份和还原系统等。

⊃ 思维导图

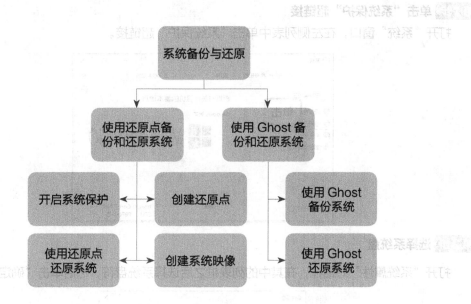

15.1 案例——使用还原点备份和还原系统

本节视频教学时间 / 5分钟

/ 案例操作思路

本案例主要介绍如何使用还原点备份和还原系统。还原点就是将电脑某一时刻系统的状态创建一个备份，并以此为依据，在系统需要还原的时候，通过该备份文件对系统进行恢复。

/ 技术要点

（1）开启系统保护。

（2）创建还原点。

（3）使用还原点还原系统。

（4）创建系统映像。

15.1.1 开启系统保护

在进行备份和还原操作前，通常会先开启系统保护，具体操作如下。

第1步 **单击"系统保护"超链接**

打开"系统"窗口，在左侧列表中单击"系统保护"超链接。

第2步 **选择系统盘**

打开"系统属性"对话框，在其中的列表框之后选择系统盘符，然后单击"确定"按钮。

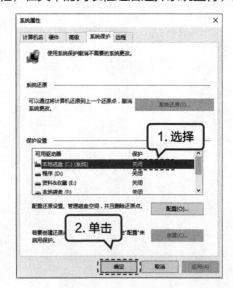

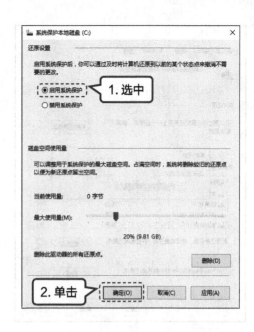

提示　需要注意的是，在"系统属性"对话框中的列表框中需要选择系统所在的盘符，若选择的是其他普通盘，则该操作不能实现。

第3步 设置启用系统保护

打开"系统保护本地磁盘"对话框，在其中单击选中"启用系统保护"单选项，完成后单击"确定"按钮。

15.1.2 创建还原点

要使用还原点还原系统，需要先为系统创建一个还原点进行备份，创建还原点的具体操作如下。

第1步 单击"系统还原"按钮

在"系统属性"对话框的列表框中选择系统盘，激活"系统还原"按钮，并单击该按钮。

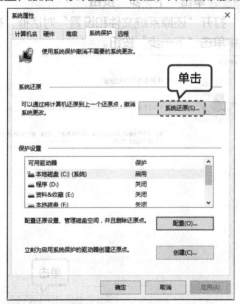

第2步 输入还原点名称

此时将打开"系统保护"对话框，在其

的文本框中输入还原点的名称，然后单击"创建"按钮。

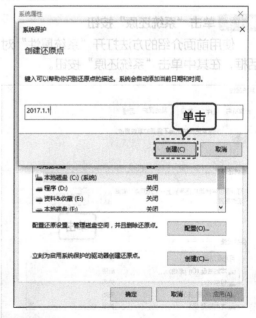

第3步 创建还原点

此时系统将自动开始创建还原点，并显示创建进度。

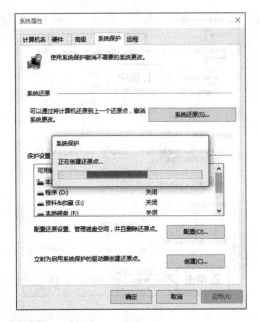

第4步 创建成功

稍等片刻，当还原点创建完成后将打开提

示对话框，提示已经成功创建还原点，单击"关闭"按钮即可。

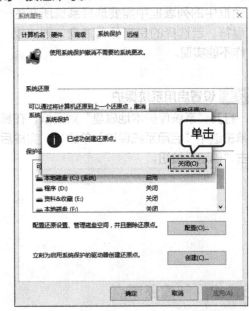

15.1.3 使用还原点还原系统

系统创建还原点后，在使用操作系统过程中，若出现系统运行速度缓慢，或系统崩溃等情况，就可以使用还原点还原操作系统了，具体操作如下。

第1步 单击"系统还原"按钮

使用前面介绍的方法打开"系统属性"对话框，在其中单击"系统还原"按钮。

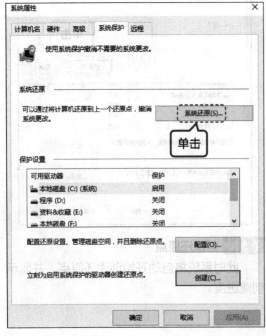

第2步 单击"下一步"按钮

打开"还原系统文件和设置"对话框，在其中单击"下一步"按钮。

第3步 选择还原点

在打开的对话框的列表栏中单击选择还原点，然后单击"下一步"按钮。

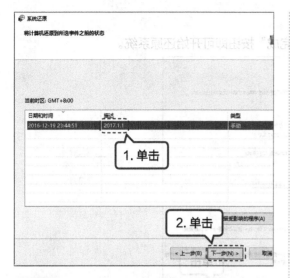

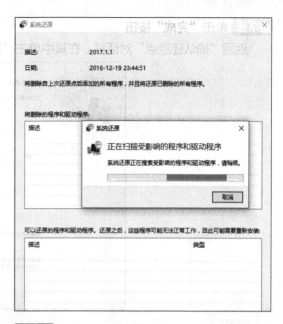

第4步 **单击"扫描受影响的程序"**

打开"确认还原点"对话框,在其中单击"扫描受影响的程序"超链接。

第5步 **扫描程序**

在打开的"系统还原"对话框中将显示正在扫描受影响的程序和驱动程序,并显示扫描进度。

第6步 **单击"关闭"按钮**

在打开的对话框的列表框中将显示扫描结果,单击"关闭"按钮即可。

> **提示** 若在扫描结果对话框中显示有受影响的程序,则需要先关闭对话框,在系统中先将程序备份,然后再使用相同的方法对系统进行还原操作。

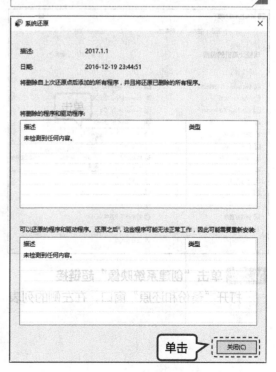

第7步 单击"完成"按钮

返回"确认还原点"对话框，在其中单击"完成"按钮即可开始还原系统。

15.1.4　创建系统映像

通过创建系统映像也可达到为系统备份的目的。系统映像就是指系统的映像文件，是资料和程序组合形成的文件，是把来源资料通过转换格式的方式在硬盘上存储为与目标光盘相同的文件，其具体操作如下。

第1步 单击"备份和还原"超链接

打开控制面板，在小图标视图模式下单击"备份和还原"超链接。

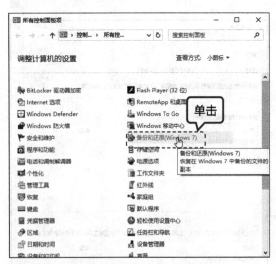

第2步 单击"创建系统映像"超链接

打开"备份和还原"窗口，在左侧的列表

中单击"创建系统映像"超链接。

第3步 查找设备

此时在打开的对话框中将打开提示框，提示正在查找设备，并显示查找进度。

第4步 选择存放位置

设备查找完成后，单击选中"在硬盘上"
单选项，在其下的下拉列表中选择需要保存的
盘符位置，最后单击"下一步"按钮。

第6步 确认设置

在打开的对话框中会提醒用户确认设置的
备份内容和备份文件所在的位置，然后单击"开
始备份"按钮。

提示

创建系统映像文件后，当系统出现
问题时，可以使用系统映像文件来恢复
系统。在恢复系统时需要注意，通过这
种方法恢复的系统不会保存系统近期的
一些设置、程序和数据。因此，若系统
故障不严重，则不建议使用这种方法来
恢复系统。

第5步 选择要备份的内容

打开"你要在备份中包括哪些驱动器"对
话框，在其中单击需要备份的系统盘符，然后
单击"下一步"按钮。

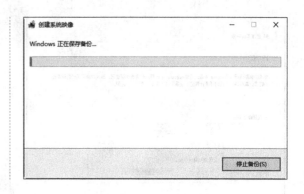

 备份文件

此时系统将开始创建映像文件，并打开提示对话框，在其中显示了备份进度，备份完成后单击"完成"按钮即可。

15.2 案例——使用Ghost备份和还原系统

/ 案例操作思路

本案例主要介绍如何使用Ghost备份和还原系统。在Windows 10操作系统中，除了系统自带的工具外，还可以借助其他工具对系统进行备份和还原。Ghost就是这类工具中使用较为普遍的一种，该程序可以只对磁盘中的某一个区或整个磁盘进行备份。在还原时，只需花费少量的时间即可将系统还原到备份的状态。

/ 技术要点

（1）使用Ghost备份系统。

（2）使用Ghost还原系统。

15.2.1 使用Ghost备份系统

使用Ghost备份实际上就是将整个磁盘中的数据复制到另外一个磁盘上，也可以将磁盘数据复制为一个磁盘的映像文件。如果想使用Ghost还原系统，必须先对系统进行备份，且所备份系统的状态必须健康正常，具体操作如下。

第1步 选择"To Image"命令

在Ghost主界面中通过键盘上的方向键【↑】【↓】【→】和【←】进行选择，选择"local→Partition→To Image"命令，然后按【Enter】键。

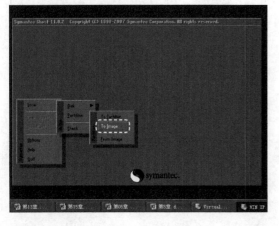

第2步 选择需备份的分区

此时，Ghost要求用户选择需备份的磁盘，这里默认只安装了一个硬盘，因此无需选择，直接按【Enter】键，进入选择备份磁盘分区的界面，利用键盘上的方向键选择第一个选择项（即系统盘），按【Tab】键选择界面中的"OK"按钮，当其呈高亮状态显示时，按【Enter】键。

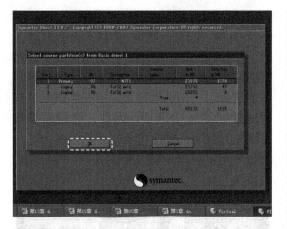

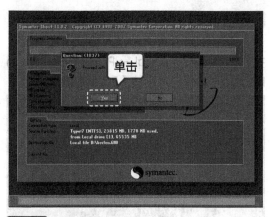

第3步 设置保存路径和名称

打开 "File name to copy image to" 对话框，按【Tab】键切换到文件位置下拉列表框中，然后按【Enter】键，在弹出的下拉列表框中选择 "D" 选项。然后按【Tab】键切换到文件名所在的文本框中，输入备份文件的名称 "beifen"，完成后按【Tab】键选择 "save" 按钮，最后按【Enter】键执行保存操作。

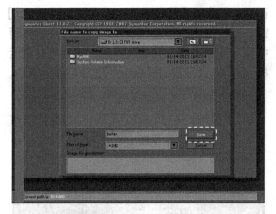

第4步 创建映像文件

打开一个提示对话框，询问是否压缩镜像文件，默认为不压缩，此时直接按【Enter】键，打开对话框，询问是否继续创建分区映像，默认为不创建。此时，按【Tab】键选择 "Yes" 按钮，然后再按【Enter】键。

第5步 显示备份进度

此时，Ghost 开始备份所选分区，并在打开的界面中显示备份进度。

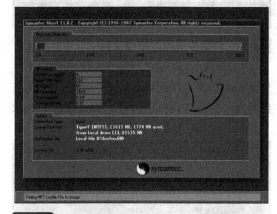

第6步 成功完成备份

完成备份后，将打开提示对话框，按【Enter】键即可返回 Ghost 主界面。

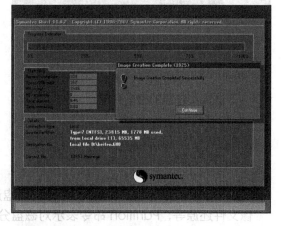

15.2.2 使用Ghost还原系统

如果出现磁盘数据丢失或操作系统崩溃的现象，可利用Ghost恢复以前备份的数据，其具体操作如下。

第1步 选择"From Image"命令

通过 DOS 操作系统进入 Ghost 主界面，并在其中选择"Local → Partition → From Image"命令，然后按【Enter】键。

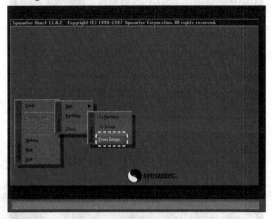

第2步 选择要还原的镜像文件

打开"Image file name to restore from"对话框，选择之前已经备份好的镜像文件所在的位置，并在中间列表框中选择要恢复的映像文件，然后按【Enter】键确认。

第3步 选择需还原的磁盘分区

在打开的对话框中将显示所选镜像文件的相关信息，按【Enter】键确认，在打开的

对话框中提示选择要恢复的硬盘，这里只有一个硬盘。因此，直接按【Enter】键进入下一步操作，在打开的界面提示选择要还原到的磁盘分区，这里需要还原的是系统盘，因此选择第一个选项即可。由于系统默认选择的便是第一个选项，因此，这里只需按【Enter】键。

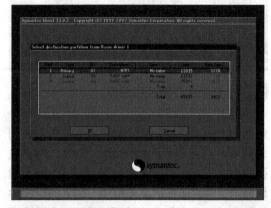

第4步 确认还原

此时，将打开一个对话框，提示会覆盖所选分区，破坏现有数据。按【Tab】键选择对话框中的"Yes"按钮确认还原，然后按【Enter】键。系统开始执行还原操作，并在打开的界面中显示还原进度。完成还原后，将会打开对话框，保持默认设置，按【Enter】键即可重启电脑。

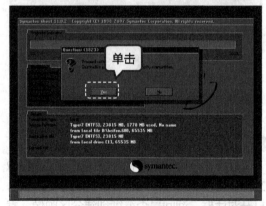

提示

在 Local 菜单中，Disk 命令表示对硬盘进行复制、将硬盘备份为镜像文件和用硬盘镜像文件还原等；Partition 命令表示对磁盘分区进行操作，包含的 3 个命令与 Disk 命令下的 3 个命令相似，区别在于 Partition 命令下的子菜单是针对分区的，而不是整个硬盘；Check 命令表示检查磁盘分区是否有坏道或错误。另外，在使用 Ghost 进行备份时，如果自动打开对话框提示用户要备份的分区上的文件总量小于 Ghost 软件最初报告的总量，询问是否进行备份操作时，要单击"Yes"按钮才能继续进行备份。

Chapter
16

使用 OneDrive
免费网盘

本章视频教学时间 / 7 分钟

技术分析

OneDrive 是微软账户附带的免费网盘，默认嵌入在 Windows 10 操作系统中，用户可从任何使用设备上访问该网盘。

本章将具体介绍 OneDrive 免费网盘的使用方法，包括登录与设置 OneDrive 以及如何上传文件等。

思维导图

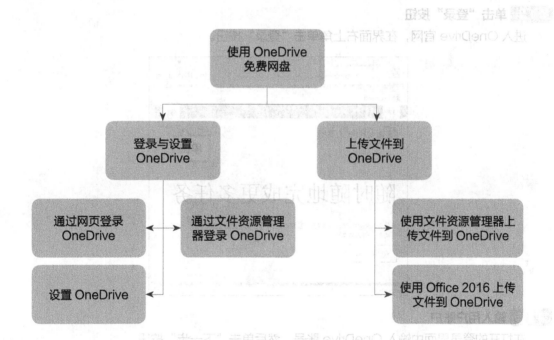

16.1 案例——登录与设置OneDrive

本节视频教学时间 / 4分钟 🎬

/ 案例操作思路

本案例主要介绍如何登录与设置OneDrive。用户可通过网页或Windows 10操作系统的文件资源管理器来登录和访问OneDrive免费网盘，并对其进行设置。

/ 技术要点

（1）通过网页登录OneDrive。

（2）通过文件资源管理器登录OneDrive。

（3）设置OneDrive。

16.1.1 通过网页登录OneDrive

若当前电脑已经连接到互联网，则可通过网页来登录到OneDrive免费网盘，具体操作如下。

第1步 单击"登录"按钮

进入 OneDrive 官网，在界面右上角单击"登录"按钮。

第2步 输入用户账户

在打开的登录界面中输入 OneDrive 账号，然后单击"下一步"按钮。

第3步 输入密码

在打开的"输入密码"界面中的文本框中输入账户密码，然后单击"登录"按钮。

第4步 成功登录 OneDrive

稍等片刻后即可成功登录，并打开账户的个人 OneDrive 网盘页面。

16.1.2 通过文件资源管理器登录OneDrive

除了通过网页的方式登录到OneDrive外，还可以使用文件资源管理器，具体操作如下。

第1步 通过"开始"菜单启动 OneDrive

在任务栏中单击"开始"按钮，在打开的菜单中间列表中选择"OneDrive"选项。

第2步 输入账户

此时将打开 Microsoft OneDrive 窗口的登录界面，在其中的文本框中输入账户的账号，单击"下一步"按钮。

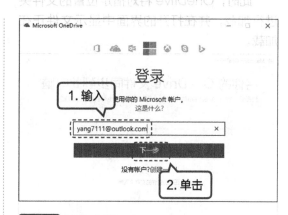

第3步 输入密码

在打开的"输入密码"界面中输入账户密码，单击"登录"按钮。

第4步 设置文件位置

登录成功后将打开"这是你的 OneDrive 文件夹"界面，在其中可单击"更改设置"超链接设置文件夹的位置，这里直接单击"下一步"按钮。

第5步 加载同步文件

此时，OneDrive 将对指定位置的文件夹进行加载，并在打开的界面中显示文件正在加载。

第6步 单击"下一步"按钮

文件加载完成后，在打开界面的列表框中单击选择需要同步到此电脑中的文件夹前的复选框，然后单击"下一步"按钮。

第7步 打开我的 OneDrive 文件夹

文件同步完成后，在打开的界面中单击"打开我的 OneDrive 文件夹"按钮。

第8步 查看 OneDrive 文件夹

此时将打开"OneDrive"文件夹窗口，在其中显示了 OneDrive 中的文件夹和文件。

16.1.3 设置OneDrive

由于OneDrive是Windows 10的内置应用，因此，用户可根据需要对OneDrive进行设置，具体操作如下。

第1步 选择"设置"命令

在任务栏右侧的通知区域中的"OneDrive"按钮上单击鼠标右键，在弹出的快捷菜单中选择"设置"命令。

第2步 常规设置

打开"Microsoft OneDrive"对话框，单击"设置"选项卡，在"常规"栏中单击选中"当我登录 Windows 时自动启动 OneDrive"复选框和"让我使用 OneDrive 获取我在此电脑上的任何文件"复选框。

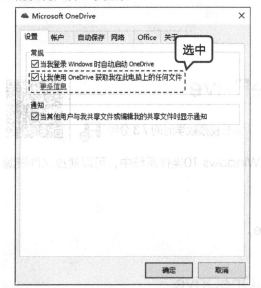

第3步 单击"添加账户"按钮

单击"账户"选项卡，在其中单击"添加账户"按钮。

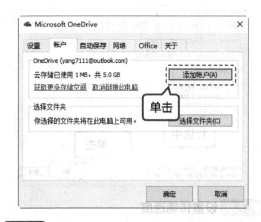

第4步 添加账户

打开"Microsoft OneDrive"窗口，在其中的文本框中输入需要添加的账户，然后单击"登录"按钮进行操作即可。

第5步 单击"选择文件"按钮

在"Microsoft OneDrive"对话框的"账户"选项卡中单击"选择文件夹"按钮。

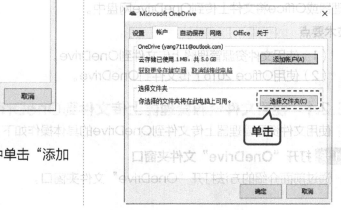

第6步 选择用户文件夹

在打开对话框的列表框中选中需要同步的文件，单击"确定"按钮即可。

第7步 设置传输速度

单击"网络"选项卡，在其中分别单击选中"不限制"单选项。

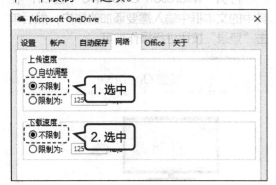

第8步 设置 Office 2016 同步文件

单击"Office"选项卡，在其中的"文件协作"栏中单击选中"使用 Office 2016 同步我打开的 Office 文件"复选框，然后单击"确定"按钮。

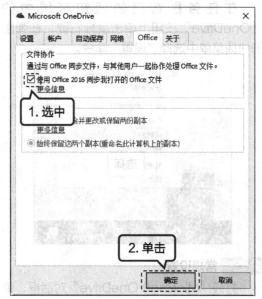

16.2 案例——上传文件到OneDrive

本节视频教学时间 / 3 分钟

/ 案例操作思路

本案例主要介绍如何上传文件到OneDrive。在Windows 10操作系统中，可以通过文件资源管理器或Office将文件上传到OneDrive网盘中。

/ 技术要点

（1）使用文件资源管理器上传文件到OneDrive。

（2）使用Office 2016上传文件到OneDrive。

16.2.1 使用文件资源管理器上传文件到OneDrive

使用文件资源管理器上传文件到OneDrive的具体操作如下。

第1步 打开"OneDrive"文件夹窗口

通过前面介绍的方法打开"OneDrive"文件夹窗口。

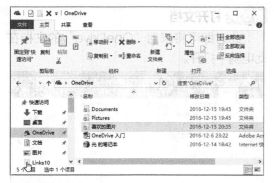

第2步 移动文件

在"此电脑"窗口中找到需要上传的文件后，将其复制到"OneDrive"想要的文件夹中。

第3步 开始上传文件

此时，在"OneDrive"窗口中对应的文

件夹下将显示文件上传进度，已经上传的文件将带有勾标记，而等待上传的文件则带有同步标记。

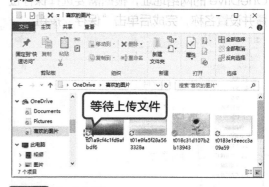

第4步 完成上传

稍等片刻后，即可将选择的文件全部上传到 OneDrive 中。

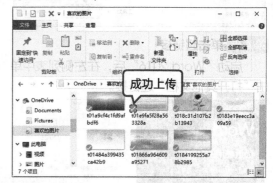

16.2.2 使用Office 2016上传文件到OneDrive

在使用Office办公组件保存办公文件时，可将其保存到OneDrive中，具体操作如下。

第1步 打开文件

启动 Word 2016，在其中打开需要上传到 OneDrive 的文档。

第2步 选择选项

单击"文件"按钮，在打开的面板左侧选择"另存为"选项，在中间列表中选择"OneDrive- 个人"选项，在右侧列表中选择"OneDrive"选项。

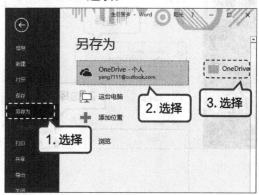

第3步 设置保存位置

打开"另存为"对话框,在其中显示了OneDrive 的网络地址,根据需要选择保存位置并设置名称,完成后单击"保存"按钮。

第4步 单击超链接

启动"Word 2016"后,在左侧列表中单击"打开其他文档"超链接。

第5步 选择文档

在打开的界面中选择"OneDrive- 个人"选项,在右侧列表中选择需要打开的文档。

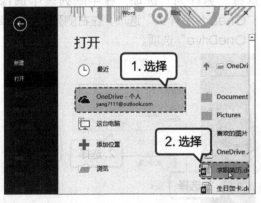

第6步 打开文档

此时即可将来自"OneDrive"的文档在此电脑中打开。

第7步 保存到此电脑

单击"文件"按钮,在打开的界面中选择"另存为"选项,在中间列表中选择需要保存在这台电脑的位置,然后在打开的"另存为"对话框中设置保存位置和名称即可。

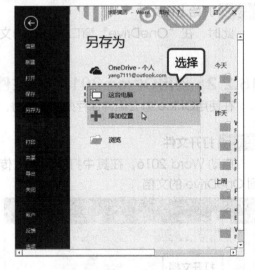